“创新设计思维”
数字媒体与艺术设计类新形态丛书

景观设计

+ 马澜 编著 +

LANDSCAPE DESIGN

人民邮电出版社
北京

图书在版编目（CIP）数据

景观设计 / 马澜编著. -- 北京 : 人民邮电出版社, 2023.3

（“创新设计思维”数字媒体与艺术设计类新形态丛书）

ISBN 978-7-115-59507-2

Ⅰ. ①景… Ⅱ. ①马… Ⅲ. ①景观设计－教材 Ⅳ. ①TU983

中国版本图书馆CIP数据核字(2022)第105061号

内 容 提 要

本书凝结了笔者近20年来从事环境设计专业教学与设计的经验。书中对景观设计的现状和未来的发展趋势做了全方位的探讨，为“景观设计”课程教学提供了全面的理论基础与实践经验。

本书强调设计的系统性，提倡设计思维的多元性，详细介绍了景观设计的基础知识。全书共5章，主要内容包括景观设计导论——理念与认知、景观设计基础——要素与类型、生态景观保护——设计与修复及改造与再生、景观场所精神——氛围与内涵、景观空间地理——地域与人文。本书各章均以案例做引导展开知识的叙述与讲解，还配有大量新颖且具有代表性的设计作品图片，旨在培养大学生的艺术鉴赏能力与审美创新能力。

本书可作为各类院校“景观设计”课程的教材，也可以作为景观设计工作者的参考用书。

◆ 编　　著　马　澜
责任编辑　韦雅雪
责任印制　王　郁　陈　犇

◆ 人民邮电出版社出版发行　　北京市丰台区成寿寺路11号
邮编　100164　　电子邮件　315@ptpress.com.cn
网址　https://www.ptpress.com.cn
固安县铭成印刷有限公司印刷

◆ 开本：787×1092　1/16
印张：10.5　　2023年3月第1版
字数：270千字　　2025年2月河北第3次印刷

定价：69.80元

读者服务热线：(010)81055256　印装质量热线：(010)81055316
反盗版热线：(010)81055315

前言

景观设计是人类对自然生态系统的再设计，是最大限度地借助自然再生能力的最少设计，还是对景观环境的“最优化设计”，能使景观环境真正实现“质”的提升。

景观设计是集技术、功能、艺术于一体的综合性学科。大学生要想学好这门学科，必须将理论与实践相结合，关注生活，热爱生活，明确景观设计的概念，掌握相应的设计体系，了解相关的设计规范。

本书面向高等院校“景观设计”课程编写。全书共5章：第1章介绍了景观设计的理念与认知，帮助读者初步认识景观设计；第2章介绍了景观设计的要素与类型，指导读者掌握景观设计的基础知识；第3章介绍了景观设计的设计与修复、改造与再生，帮助读者建立起生态景观保护观念；第4章深入解析了景观设计的场所精神及其表达方式，帮助读者理解景观设计的氛围与内涵；第5章介绍了景观设计的地域性特征，诠释了景观艺术中的人文关怀，还介绍了景观设计与多个学科的交叉融合，帮助读者领会景观设计中的人文精神。

本书内容充实，重点突出，强调设计的系统性，设计思维的多元性；注重理论与实践相结合，各章均以案例做引导展开内容的叙述与讲解，每章最后有课堂实训，帮助读者学以致用。此外，本书结合了大量新颖且具有代表性的设计图例，旨在培养读者的艺术鉴赏能力与审美创新能力。本书的配套教学资源可在人邮教育社区（www.ryjiaoyu.com）获取。

编著者在本书的编写过程中得到了众多院校教师的帮助，天津工业大学学生李荣杰、杜小雪、姚远行、郭乔巧、黄珊珊、邢向月等为本书做了大量工作。此外，编著者在编写过程中还参考了大量国内外相关图书，再次向相关作者表示衷心的感谢！

由于编著者水平有限，书中难免存在不足之处，恳请广大读者批评指正。

马澜

2022 年 3 月

第 3 章 生态景观保护——设计与修复、改造与再生 57

第 4 章 景观场所精神——氛围与内涵 88

第1章 景观设计导论——理念与认知

学习要点及目标

- 认识景观设计，理解景观设计的相关概念，了解景观设计学与其他学科之间的区别。
- 熟悉西方及东方园林发展简史。
- 探究景观设计未来的发展趋势。

核心概念

景观　景观设计学　景观设计　中国园林

引导案例

图 1-1、图 1-2、图 1-3 所示为一个中央公园的部分景观，这个中央公园体现了亚洲传统造园的文化。

图 1-1　公园一期（1）

图 1-2　公园一期（2）

图 1-3　公园一期（3）

【点评】景观设计师试图营造充满诗意的空间氛围。他们首先利用一个个圆形来组织空间，使这些圆形在视觉上给人以强烈的集中感；再通过多个摆放错落有致的方形白色大理石座椅连接各个景观，使空间内的景观成为一个有机的整体。园中的微地形则解决了园中景观过于平面化的弊病。通向建筑的一条细长的小路“劈”开了一座小山丘，打破了平淡、温和的景观状态，给人带来强烈的视觉冲击。

公园一侧的绿地四周围绕着 27 块大石头和造型规整的圆柏，这样既划分出了圆形广场的边界，又阻挡了人们在此临时停车。公园停车场旁一棵苍劲的油松立于修剪整齐的低矮的大叶黄杨篱中，大叶黄杨篱丛中又匍匐着两块纹理清晰的巨石，它们共同构造出丰富的景观层次，产生了独特的视觉效果。

景观是人们生活中非常重要的一个组成部分，是满足人们各种物质和精神需求的重要基础条件。而景观设计是满足这些需求的主要手段和基本保障。景观设计由来已久，从古代的为少数人服务的皇家园林（见图 1-4）、私人园林（见图 1-5）的规划设计，逐渐演变成如今的为大众服务的城市广场（见图 1-6）、公园（见图 1-7）、道路、滨水地带、住宅区（见图 1-8）等的景观设计，成为保护生态环境、改善城市形象、发展循环经济、提高人们的生活水平、推动社会可持续发展的绿色产业。

图 1-4　北京颐和园

图 1-5　苏州留园

图 1-6　荷兰亨格洛工业园区广场

【点评】该广场曾经是一个灰暗的交通广场，后来利用绿色植物、智慧水景以及滑板公园，在保留工业遗产的同时，为人们提供休息空间以及运动空间。该广场现在充满活力，既能满足公众需求，也保留了当地文化特色，成为了亨格罗市中心的新城市纽带。

图 1-7　银川艾依河（现更名为典农河）滨水景观公园

【点评】线条流畅、起伏和缓的亲水长廊像一条缎带穿梭于典农河河面及两岸的景色之中，可供置身其中的人们从各个角度领略无限美好的河滨风光。

图 1-8 昆明白沙润园住宅区景观

【点评】该住宅区入口处的景观通过色彩和高差丰富了景观层次，跌水景观和郁郁葱葱的绿植则为景观增添了活力。

本章主要对景观设计这一学科的相关概念进行介绍，对景观设计的发展历程进行概述，总结、整理景观设计未来的发展趋势，从而使读者将这一学科与其他学科加以区分，对这一学科形成清晰的系统性认识，为后续内容的讲解奠定基础。

1.1 定位与愿景

一提到“景观设计师”，人们常常将其与“公园园丁”“园艺师”混淆，并简单地将景观设计定义为植物与花卉的种植、修整活动。实际上，景观设计是对自然环境与人文景观进行规划与设计的学科，是对环境的综合创作，是集科学调研、理性分析与艺术创作于一体的环境改造活动。景观设计涉及的环境范围较为广泛，包括公园、广场、园林、庭院、街道等。同时，景观设计还涉及地理学、规划学、建筑学、心理学和设计学等多种学科的知识，这就需要景观设计师具有较高的专业素质，掌握系统而全面的专业知识与技能。

1.1.1 景观

“景观”一词与“风景”“景色”“景致”等词为同义词或近义词，属于视觉美学的范畴。“景观”由“景”与“观”两个字构成，从词义上理解，“景”指客观存在的景色、风景等，“观”则指人的主观视觉感知和理解。这说明“景观”由景物与人的视觉欣赏组合而成，“景”与“观”体现了人与自然的和谐统一，“景观”具有一定的艺术审美价值与休闲观赏价值。

最初，“景观”指的是人类留下文明足迹的地区。到 17 世纪左右，“景观”开始作为描述陆地自然风景的绘画术语，从荷兰语引入英语，特指“描绘内陆自然风光的绘画”，以此来区别肖像画、静物画、海景画等。到了 18 世纪，“景观”逐渐与“园艺”联系起来。直至 1858 年，美国景观设计师奥姆斯特德（见图 1-9）首次提出景观建筑学（Landscape

Architecture）这一概念。1885 年，“景观”一词被冯·洪堡引入地理学领域。随后“景观”开始作为一个专业名词逐渐传播开来，直到后来才发展出现如今人们所熟知的“景观”的含义。

图 1-9　奥姆斯特德

不同领域的“景观”概念实际上有较大差异。地理学领域将景观定义为一种地表景象或自然地理区，或为一种类型单位的通称，如森林景观、城市景观、平原景观等；生态学领域将景观定义为生态系统或由多个生态系统组合而成的系统；建筑学领域通常把景观作为建筑物的背景或配景（见图 1-10）；艺术领域则把景观作为艺术表现与再现的对象，等同于风景、景致。

作为景观设计的对象，景观一般是指土地及由土地上的物质和空间构成的综合体。它是复杂的自然活动和人类活动在土地上双重作用的结果，最终体现为某一特定区域的综合特征。景观是对一个时代的社会经济与文化、公众意识形态、思想观念的集中反映，是社会形态的物质化反映。景观是一种自然景象，也是一种文化景象和生态景象，既是人们的视觉审美对象，也是人类和其他生物赖以生存的空间与环境。从宏观角度看，景观是生态系统；而从微观角度看，景观作为符号，是人类的历史与理想、人与自然、人与人之间的作用关系的物质化反映。

图 1-10　黄鹤楼

【点评】郁郁葱葱的树木往往作为建筑的背景或前景，对建筑进行衬托或遮掩，既能更为完美地呈现出建筑效果，也能使区域景观更为协调，避免产生单一与枯燥之感。

1.1.2　景观设计学

与景观概念的发展历程相同，随着人们对自然和社会的认识不断深入、完善，景观设计学的内涵和外延也处于不断更新和变化之中。

景观设计学是针对景观进行分析、规划、布局、改造、设计、管理、恢复和保护的科学与艺术，是通过对有关土地以及所有人类户外生存环境的问题进行科学而理性的分析，针对问题设计和提出处理方案和解决途径，并且监督和管理设计的实现的学科。其核心是针对人类户外生存环境的设计，涉及的学科和专业众多，包括林学、生态学、城市规划学、建筑学、地理学、心理学、经济学、管理学等。

从广义上讲，景观设计学就是大规模、大尺度地对人类户外生存环境进行设计改造，从而改善人与自然的关系，达成人与自然的和谐统一的学科。例如国家对自然风景区、湿地的开发与保护（见图 1-11）就属于景观设计学的范畴。而从狭义上讲，景观设计学则是指对具体环境进行设计与改造的学科。

图 1-11 苏州太湖湿地公园

此外，景观设计学作为一个古老而崭新的学科，其专业理论知识的来源可以追溯到古代东西方的造园艺术、农林园艺技术、交通水利工程建设经验、城市规划建设思想和技术等。现在，景观设计学则开始关注工业化对自然与人类的影响，主要理念是协调人与自然的关系，维护生态系统的平衡，强调环境、资源与人类的可持续发展。

1.1.3 景观规划与景观设计

景观设计学的研究领域与实践范围至今仍未确定，它会随着社会的发展不断地更新、扩大。而在不同的国家或地区，该学科的研究领域与实践范围也有所不同，这与实际的社会经济发展状况、学科发展形势都有密切关联。

根据景观问题的性质、内容、尺度的差异，景观设计学可细化为两个学科：景观规划和景观设计。

景观规划是在一个更为宏观的尺度上进行合理安排和规划。换言之，景观规划是在充分了解使用目的的基础上，基于对区域自然环境与人文发展情况的认识，为了充分协调人与自然的关系而合理地安排各区域的土地利用形式和方法的过程。景观规划通常需要对大尺度物质空间的土地和资源进行合理的规划和保护，以此实现区域环境的可持续发展。

景观设计则是在景观规划的基础上进一步深化和完善，通过科学与艺术的手段，对特定区域内的景观要素进行理性的分析与合理的布局组合，从而在区域内形成一种独立的、具有一定社会内涵和审美价值的景观形态或形式，以此满足不同的使用需求。主要的景观要素包括地形、水体、植被、建筑、公共艺术品等（见图 1-12）。景观设计的对象涵盖城市广场、公园、道路、滨水地带、居住区等。

图 1-12 深圳东部华侨城湿地花园

【点评】该湿地花园的景观设计充分利用了地形、植被、建筑等景观要素。不同种类的花卉绿植组成造型多样、妙趣横生的图案；远处山坡上的建筑掩映在灌木丛中，使此处的景色更加迷人。

1.1.4 景观设计与其他学科的区别

作为一门独立学科，景观设计与其他学科在某些领域也有紧密的联系。为了更清晰、深入地了解景观设计，从而全方位、多角度地认识景观设计这门学科，我们需要对其他学科的概念及内容有所了解。

景观设计与景观规划既相互联系，又相互区别。景观规划针对的是大规模的空间或土地的利用，关注的是环境发展问题，强调科学、理性地分析及解决问题的过程，其发展受到时代科学技术发展水平的影响。而景观设计侧重于研究景观的功能与形式，强调设计和改造过程中的艺术性，其发展更易受到艺术思潮的影响。因此，景观设计是在景观规划的基础上的深化设计，是景观规划内容的具体实施阶段，是景观规划思想及原则的具体体现。

景观设计源于古代的造园艺术，但随着景观设计学科内容的不断扩充，其概念与内容已不同于造园艺术。造园艺术的设计对象为园林环境，尺度较小，而景观设计的对象更多样，内容更复杂，尺度也大于造园艺术。如今，造园艺术可被看作景观设计的一个分支。

建筑设计与景观设计的区别在于，建筑设计倾向于解决人类的生存问题、为人类提供空间使用功能，偏重于技术的运用及空间的塑造。而景观设计则注重表现精神内涵，强调通过艺术手段表达精神、思想与情感，景观的形式、布局、构造及功能等都要围绕这一主题展开，需要着眼于场地与整体环境的相互关系。

环境艺术设计作为艺术设计的一个分支，它的概念相对宽泛，涉及的内容包括对所有人工环境的设计，并且倾向于进行更多的艺术化表现与创作，对功能、需求、技术等方面关注较少。而景观设计则是集技术、功能、艺术于一体的综合性学科。因此，环境艺术设计与景观设计的内容有明显差异，但环境艺术设计中的室外环境设计与景观设计又存在一定的联系。

1.1.5 景观设计师

景观设计师是运用相关专业知识及技能，以规划与设计景观为职业的专业人员，主要从事景观评估、设计项目策划、场地规划、可行性研究，以及工程项目建设的实施、管理和监督等工作。景观设计师的工作涉及诸多学科，这就要求景观设计师具备良好的职业素养，能熟练运用相关学科，如生态学、地理学、植物学、城市规划学、建筑学、园林工程学等的专业知识。

1858 年，景观设计师这一称谓由美国景观设计之父奥姆斯特德首次使用，用于区别当时流行的风景园林师一词。1863 年，景观设计师被正式定为职业称谓。景观设计师这一职业称谓的创造性提出，是对该职业内涵的一次意义深远的革新和扩充。景观设计师是大工业时代城市化与社会化进程不断推进的产物，他们所要处理的对象是整个人居环境，是人、土地、城市之间的关系以及相关生物的健康、安全、可持续发展的问题，从而建立一个符合当下社会形态、生活方式、文化内涵且面向未来的理想化生存环境，这也是大工业时代赋予景观设计师的重要任务与责任。

景观设计师这一职业称谓从提出至今已有 100 多年的历史了，但是在我国直到 2005 年才被认证为正式职业。我国的景观设计专业大多被划归在城市规划、建筑设计及环境艺术设计等学科之中，这导致景观设计师的专业背景模糊不清，且景观设计师的知识水平参差不齐，严重影响了我国景观设计水平的提升和质量的保证。目前，我国的景观设计师大多是建筑、城市规划、环境艺术设计等相关专业出身，在一定程度上缺乏专业、系统的景观设计学知识。因此，国家教育部门及各院校还需加大对景观设计专业人才的培养力度，推动该学科的产业化、专业化发展；同时，还应加快实现职业标准的规范化，促进我国景观设计的可持续发展，缩小我国景观设计专业水平与发达国家景观设计专业水平的差距，提高我国景观设计师在国际交流中的话语权。

1.1.6 景观设计的目的

目前，景观设计从理论到实践在我国都有了一定的发展，学科教育也发展较快。但我国的景观设计还没有形成具有自身特色的景观设计理论，景观设计实践的规范性与社会影响力还有待提高。

景观设计最主要的目的是实现环境、资源的可持续发展。优秀的景观设计作品必然是尊重自然、绿色环保、注重对生态环境的调节与保护的设计，这同时也是现代景观设计的鲜明特色。未来景观设计的发展会更倾向于多元化、生态化、科学化。面向未来，我国的景观设计不仅要做到与自然和谐统一，还要与城市规划、环境艺术紧密结合，加强景观形象的塑造，结合我国国情、民族文化、城市历史等打造城市景观（见图 1-13）。

图 1-13　深圳福田原居民记忆公园

【点评】为了展现深圳城中村的根脉文化，景观设计师将深圳昔日的面貌引入公园景观的建构之中。质朴的水井、醒目的标语、活灵活现的母鸡雕塑……种种情景的重现不仅能让市民回忆起往昔，也让公园充满了人文情怀。

1.2 西方及东方园林景观发展简史

从世界范围来看，传统的园林景观分为三大体系：东方园林体系、西亚园林体系、西欧园林体系。

东方园林体系以中国、日本为代表，典雅精致的东方园林景观（见图 1-14）尊重自然，讲求意境。西亚园林体系以花园、清真寺的景观设计为主，形成了颇具伊斯兰宗教色彩的园林景观（见图 1-15）。西欧园林体系以英国、法国、意大利为代表，在园林景观布局上讲求严格对称，有明确的中轴线，并且植物造型整齐划一（见图 1-16）。各个地区由于地理环境、历史文化等差异，形成了具有鲜明地域特色的园林景观设计风格。本节分别对西方园林发展简史和东方园林发展简史进行概述，介绍各地区园林的发展历程以及独具特色的园林景观设计风格。

图 1-14　承德避暑山庄

图 1-15 印度斋浦尔琥珀堡

【点评】琥珀堡的景观设计充分展现了地域特色，它的空间布局与造型十分精巧、别致，同时各色植物修剪齐整，点缀其中，与整体的山势、雄伟的建筑相得益彰。

图 1-16 维也纳美泉宫

【点评】美泉宫的景观设计体现出了流畅的线条美与对称美，植物的造型设计与颜色搭配令人赏心悦目，呈现了皇家花园的典雅与华贵。

1.2.1 西方园林景观发展简史

西方园林有着悠久的发展历史和特点鲜明的设计风格，拥有众多世界园林艺术的经典之作。西方园林崇尚几何形设计样式，追求匀称整齐，整体呈现出一种人工雕琢而成的精致之美。

1. 古埃及园林

西方园林最早起源于古埃及和古巴比伦（两河流域），从古埃及的陵墓壁画（见图 1-17）可以看出古埃及人心中理想化的环境。

图 1-17 古埃及陵墓壁画中的内巴蒙花园

【点评】内巴蒙花园的空间布局十分规整，矩形的水池中有鱼和鸭子，水池周围种植着低矮的花草，水池由连贯的围墙围合，围墙外有序地种植着大量树木，整个花园布置严谨、十分美观。

地处北非的古埃及是人类的文明发源地之一，其悠久的文明史可以追溯到约公元前 5450 年，而尼罗河则是孕育古埃及文明的摇篮。尼罗河贯穿古埃及南北，在每年 5 月到 11 月的雨季时常泛滥，由此在河谷地带和下游三角洲地区形成了肥沃的良田。但全年干旱少雨的气候条件与沙漠面积广大的自然环境，使缺乏水资源和森林资源的古埃及很早就意识到人工种植树木的重要性，古埃及的园林技术由此逐步发展起来。

早在古王国时代，古埃及就已经出现了种植果树和蔬菜的小型庭院、神庙和陵园，这成为古埃及园林形成的标志。到公元前 2040 年，重新统一古埃及的底比斯贵族开始修建宫殿、陵园及神庙中的园林，同时发展灌溉农业，使古埃及重现了繁荣昌盛的局面。到新王国时代，古埃及园林的发展已进入成熟阶段，园林中除了有棕榈、埃及榕、芦苇等本土植物，还有不少外来植物，如石榴、黄槐、无花果等。

总的来说，古埃及园林可划分为宫苑园林、神庙园林、陵寝园林、贵族庭院。宫苑园林是王宫中法老休憩娱乐的区域，该园林常呈中轴对称的布局，四周围以高墙，分为数个院落，在院落中搭建棚架、修建凉亭与水池、铺设草地、种植花木、养殖水禽。神庙园林是法老参拜神灵的场所。宗教是古埃及政治生活的核心，法老为了加强宗教的统治力量而大兴神庙，并在神庙周围大面积种植棕榈、埃及榕等乔木，以烘托神圣威严的宗教氛围。神庙内设有用花岗岩和板岩修建的大型水池，池中栽植荷花与纸莎草，供养象征神灵的鳄鱼。陵寝园林则是安葬法老及贵族的墓地群，法老及贵族通常会为自己建造豪华而庄严的陵寝。这类园林以陵寝为中心，四周以对称的形式栽植树木，以此显示陵寝主人显赫的地位。其中，最为著名的陵寝园林要数位于尼罗河下游的 80 余座金字塔（见图 1-18）。而贵族庭院是古埃及王公贵族的府邸庭院，庭院中有水池、凉亭等设施，周围种植交相掩映的花草树木。

图 1-18　古埃及金字塔

2. 古巴比伦园林

产生于两河流域的古巴比伦文明是人类古代文明发展的高潮。古巴比伦王国时期建造的园林可分为 3 种类型：神庙园林、猎苑、空中花园。

古巴比伦的神庙园林与古埃及的神庙园林相似，通过在神庙四周行列式地种植大型乔木，营造肃穆庄严又神秘的宗教氛围。古巴比伦依靠有利的气候条件拥有丰富的森林资源，因此在古巴比伦王国时期就有供王族狩猎娱乐的猎苑，这些猎苑是由天然的森林围场经过人工改造而成的用于满足王族休闲娱乐需要的游乐场所。据有关史料记载，猎苑中除了有原始森林和大量人工种植的各类花草树木，还有为了登高望远而堆砌的土山，土山上建有凉亭和祭坛，并种植有树木。猎苑中放养了大批供狩猎用的动物，工匠从外部引入水源供动物饮用。猎苑的建设形式与我国古代园林中的囿极为相似。闻名遐迩的古巴比伦空中花园（见图 1-19），又叫悬苑，是世界八大奇迹之一。但“空中花园”并非高悬于空中的花园，而是由数层台面堆叠而成的锥形建筑，各台面用楼梯相连，台面上建有石砌的拱形外廊以连接建筑内外，台面外围边缘覆盖着厚厚的土壤，用以种植花草树木，形成层次丰富的立体化景观。同时工匠将河水抽引至建筑顶端，逐级向下浇灌各层植物，形成了活力无限的跌水景观。

图 1-19　古巴比伦空中花园局部复原图

3. 古希腊园林

古希腊作为欧洲文明的发祥地，其科学、哲学、建筑艺术等影响了整个欧洲乃至全世界。古希腊是一个城邦国家，受其民主制度的影响，古希腊人思维活跃、思想开放，加之古希腊特有的地理条件，决定了古希腊园林具有兼收并蓄的特色。

古希腊的宗教圣地——位于雅典城西南的雅典卫城，是当时出于防卫需要而修建在高地上的人工景观。古希腊人在高地上修建有多座神庙，如帕特农神庙（见图 1-20）、胜利神庙等，希望能获得神明的庇佑。雅典卫城中的雕塑与建筑是循着地势修建的，这考虑到了祭祀盛典的动线以及人们对四周景观的观赏体验。古希腊人通过精心设置各个建筑、雕塑的体量与组合效果，使人们无论在海上、城中还是郊外都能获得极佳的观赏体验。雅典卫城的建设充分展现了古希腊人卓越的创造力与艺术审美能力。

图 1-20　帕特农神庙

古希腊的景观设计也受到其民主制度的影响，出现了公共园林。在古希腊，由于民主思想深入人心，民众频繁地开展公共集会活动，因此国家修建了许多公共建筑。此外，古希腊人认为树木是神灵的化身，对树木怀有神圣的崇敬心理。因此，古希腊人会在神庙周围大面积种植树木，即圣林。圣林既是古希腊人礼拜的对象，也是古希腊人在宗教活动中休息、聚会、散步的场所。在圣林的围绕下，神庙更显得神圣不可侵犯。

古希腊著名的竞技场（见图 1-21）则是另一种公共建筑，也是欧洲体育公园的前身。为了满足战争和生产需要，古希腊急需体魄强健的劳动力，这就推动了各种体育运动的广泛开展，由此兴建了许多竞技场和运动场以供进行比赛和体育锻炼。竞技场常常建在山坡上，方便依据地形布置观众看台。这些场所发展到后来，逐渐成了配套设施完善的运动场，场地内除了布置有跑道、林荫道、座椅等设施外，还兴建了祭坛、亭台、柱廊等。运动场一般与神庙、祭坛结合在一起，这是因为当时的体育竞赛是作为宗教活动的主要内容开展的。

图 1-21　古希腊竞技场遗址

公元前 5 世纪，古希腊诸邦的国力日渐强盛，古希腊人一改往日注重园林实用性的设计想法，开始为享受生活而兴建园林，逐渐将园林打造为观赏性、娱乐性俱佳的庭院花园，即柱廊园。当时的住宅多采用四合院式布局，中间是庭院，四周围绕着柱廊。前期中庭内铺设花纹地砖，周围用雕塑、花瓶、大理石喷泉等做装饰；后期中庭内开始种植各种花卉、绿植做装饰，形成了色彩缤纷的中庭式柱廊园。

古希腊先哲的学园则作为哲学家聚众讲学的特定场所，园内不仅设有祭祀用的神殿、祭坛，纪念杰出公民的纪念碑、雕像，以及供文人讲学、休憩、散步使用的座椅、凉亭、林荫道等，还多种植攀缘类绿植，覆在凉亭或廊架上。

4. 古罗马园林

古罗马时期，古罗马人依靠南征北伐获得了大片领土，并在这些领土上安营扎寨、修建城池。随着国力日渐昌盛，古罗马的贵族们开始精心设计自己的庄园。古罗马城的中心区域建筑物密集，几乎没有庄园，许多贵族选择将庄园建在有大片土地的城市外围。庄园中，人工引入的水流形成小型湖泊，湖泊中有小岛，岸边有整洁的小路。庄园中还建有大型喷泉和雕塑，种植着马鞭草和水仙等植物。这些庄园为文艺复兴时期意大利的台地园的出现奠定了基础。

古罗马也有与古希腊相似的柱廊园，不过古罗马的柱廊园的中庭多设有水池或水渠，水渠上架有小桥，形成小桥流水的景象。古罗马人将草本植物移植到容器中，将木本植物则栽植于花坛中。柱廊上常绘有风景画，既丰富了空间的层次感，又能让人产生身临其境的感觉。

古罗马时期也十分注重公共设施与配套景观的兴建，城市中除了道路、桥梁、输水道外，还有位于城市中心、用以宣扬帝王丰功伟绩的大型城市广场（见图 1-22）、铜像、凯旋门（见图 1-23）、记功柱等，以及分布在城市各处的公共浴场、公共剧场、斗兽场等，这些场所都配有公共景观——绿地，供人们休憩与活动。

图 1-22　古罗马城市广场遗址

图 1-23　古罗马奥古斯都凯旋门遗迹

5. 中世纪的园林

中世纪的政治、经济、文化、艺术与美学思想对欧洲这一时期的园林有较大影响。中世纪的欧洲园林强调实用性，可分为寺院园林和城堡。

寺院园林是以意大利为中心发展起来的，在动荡的中世纪，人们期望通过信奉宗教来获得慰藉和庇佑，基督教成为许多国家的国教，基督教文化也渗入景观设计活动中。当时，寺院园林是由寺院建筑围合而成的中庭，建筑与庭院之间以柱廊相隔，柱廊墙面绘制有关于《圣经》的大型壁画，这与古罗马的中庭式柱廊园相似。寺院园林的中庭内通过十字形交叉的道路分隔出 4 块园地，用于种植灌木、花卉或果树，道路中心设置有喷泉、水池或水井，寓意水能洗涤有罪的灵魂。

中世纪前期，出于防卫等军事需要，城堡大多被建于高山顶上。直到 13 世纪，随着战乱的平息和东方文化的影响，城堡的装饰性与娱乐性被开发出来，城堡的建筑结构更为开放且更适宜居住（见图 1-24）。城堡内也出现了装饰花园，花园用栅栏与矮墙围合，布局简单，相对独立。花园中的植物被精心地修剪成各种几何形状，整齐而精致。随着人们对城堡装饰性与娱乐性的重视，一种游乐园形式的园林——迷园逐渐兴起。迷园利用石子、草地、灌木、绿篱等将道路两侧围合起来，形成繁复的道路形式，与如今的“迷宫”相似。此外，迷园中的绿篱被修剪成漂亮的几何图案，石子和花卉等被填充在图案当中，形成了令人惊艳的视觉效果。

中世纪的伊斯兰园林吸收了波斯园林的特点，将水作为景观要素。由于阿拉伯地处沙漠地带，常年缺水，所以伊斯兰园林的灌溉系统就成了造园的重中之重，精心设计的灌溉系统也成为伊斯兰园林的一大特色。

图 1-24　塔林的中世纪城堡

图 1-25　阿尔罕布拉宫的花园

伊斯兰园林中的庭院园林（见图 1-25）通常面积较小，尺度适中。庭院园林大多为矩形，由十字形道路分为 4 块，或者再细化道路流线分出更多的几何图形，道路旁设有用于灌溉的小水渠。庭院园林中的树木布局讲求对称与稳定，树木的种类与位置都经过了严格规划。此外，庭院园林还会大量使用色彩鲜艳的马赛克组成各式各样的纹样。

图 1-26　阿尔罕布拉宫的中庭

伊斯兰园林中的庄园借鉴了古罗马人遗留下来的庄园的结构、材料和建构方法。阿拉伯人将庄园建在山坡上，即在斜坡上开辟一系列台地并围以高墙，形成封闭的庄园空间。庄园内用水体划分区域，水渠或园路的尽头通常设有喷泉、凉亭等（见图 1-26）。园路通常会用由彩色的小石子或马赛克拼贴而成的装饰图案进行铺设，园内除了几块矩形的种植池外，其他区域如墙面、地面、坐凳、栏杆、池壁等都会镶嵌或拼贴上色彩艳丽的马赛克，形成华美的视觉效果（见图 1-27）。

图 1-27　阿尔罕布拉宫的墙面装饰

【点评】色彩艳丽、图案繁复的马赛克为这个空间增添了浪漫的气息，也让空间的区域划分更为清晰，使空间显得更为典雅与奢华。

6. **文艺复兴时期的意大利园林**

随着欧洲资本主义的萌芽，欧洲各国的自然科学和生产技术得到快速发展，物质财富不断累积，因此带来了思想文化方面的变革，兴起于意大利的文艺复兴运动便是其中最具影响力的人文主义运动。在人文主义思潮的影响下，人们逐渐摆脱宗教与封建的束缚，开始呼唤尊重人性、尊重传统文化、尊重自然。在这样一个追求人性和文化复兴的时代，园林景观艺术也呈现出空前繁荣的局面。以文艺复兴运动的兴起地意大利为例，在文艺复兴的不同时期，意大利的园林呈现出不同的设计特点。

文艺复兴初期，随着人们对自然的重新认识，富裕阶层逐渐掀起了一股园林建设的热潮。在其影响下，对造园理论的研究也逐步出现。阿尔贝蒂被看作意大利园林理论的先驱，他的著作《论建筑》对文艺复兴时期意大利的园林景观设计发展产生了重大影响。

文艺复兴初期，意大利的富裕阶层大多选择在郊外风景秀丽的丘陵坡地上建造别墅，并在别墅内修建私人花园，精心设计用于登高远眺的观景平台。从这些建筑中，我们依然可以窥探到古希腊、古罗马时期的风格：简朴而大气。私人花园内植物的栽植呈图案化，但各类植物在私人花园内的区域划分、图案的选择需要与主建筑形成呼应关系。主建筑位于私人花园中轴的一端，用于平衡整个私人花园的几何形景观平面。此外，喷泉、水池、雕塑等也常作为局部景观中心出现，这些景观构建通常规格较小且形式简洁，作为景观要素点缀于私人花园之中。

文艺复兴兴盛时期，意大利的台地园盛极一时。为了在别墅前留有开阔的、可供远眺的观景平台，意大利的富裕阶层顺着山势开辟了一系列连续的台地，形成了独具特色的意大利台地园。台地园通常以位于最高处的主建筑为主景，主建筑位居贯穿全园的中轴线的一端，两侧景观往往左右对称（见图 1-28）。流动的水体则成为台地园的主要景观要素，水体之间通常彼此联系形成一套水体系统，流动的水体给台地园带来了动感与活力。此外，水体的光影与声音变换，经过艺术化处理形成了多种水体景观（见图 1-29），如水风琴、水剧场、秘密喷泉等。在台地园中，雕塑与喷泉的组合常常成为局部景观中心（见图 1-30）。它们的四周分布着修剪整齐、呈几何形的绿篱景观，绿篱景观的形式和图案呈现出日趋复杂的特点。

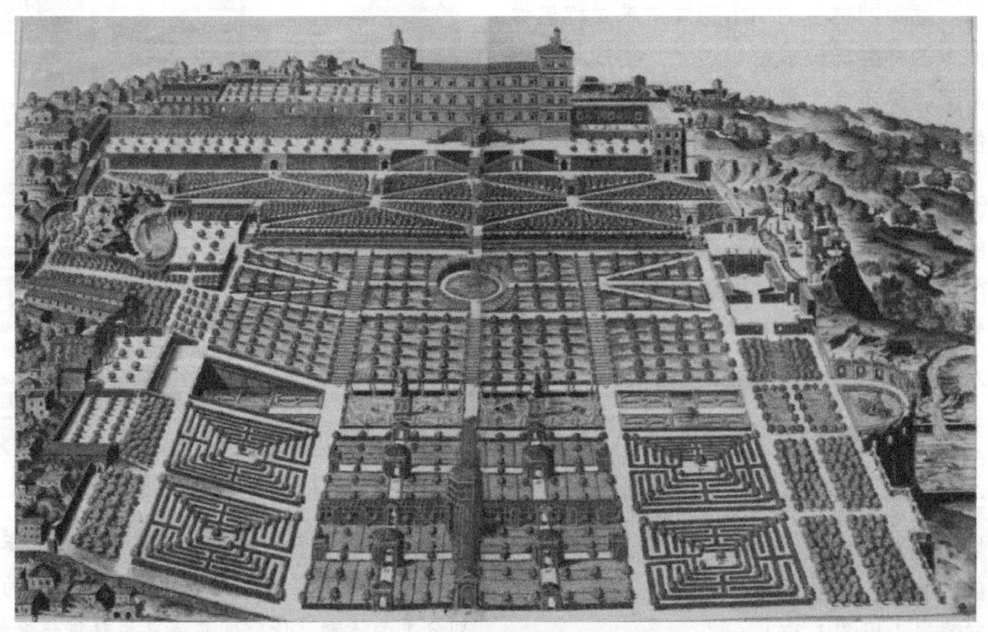

图 1-28　意大利埃斯特庄园平面图

图 1-29　埃斯特庄园内的水体景观

【点评】台地园中的高差为景观的规划与设计提供了有利条件，流动的水体使台地园成为厚重与灵动相结合的有机整体。

图 1-30　埃斯特庄园内的组合景观

【点评】具有人文主义特色的雕塑与灵动活泼的水体的结合，正是动态景观与静态景观的有机统一，从而形成了极具反差的视觉效果。

到了文艺复兴后期，意大利园林受到巴洛克风格的影响，在景观设计上开始出现反对墨守成规的僵化形式、追求自由奔放的格调和新奇夸张的表现手法的特点。台地园中的建筑体量较大，占据明显的主体地位。园内林荫道纵横交错，大量装饰小品点缀其间，植物修剪的形象和植坛的纹样也更为精细。这一时期，意大利的台地园从庄重、典雅逐渐向强调华丽装饰的巴洛克风格转化。

7. 16 世纪至 18 世纪的法国园林

16 世纪至 18 世纪，以宫廷文化为主导的法国园林景观艺术，在结合民族文化特征发展的过程中受到文艺复兴运动和巴洛克风格的影响。

文艺复兴时期的法国园林只是单纯地对意大利园林进行模仿，但在整体布局、造景要素和造园手法等方面有了明显提高。到了 16 世纪后期，法国不再甘于一味模仿，而是选择在已有水平上不断创新，寻求适合本土文化特点的景观样式，并且在景观建构方面取得极大进步。17 世纪的法国，人们依然偏爱巴洛克风格，他们在园林中通过喷泉和灌木丛制造一种透视和运动的态势。不过区别于意大利的台地园，此时的法国园林在设计手法上更为细致、简练，例如许多被划分为几何形状的绿地都装饰有能构成藤蔓图案的灌木和花卉。

到 17 世纪后期，法国宫廷造园家勒・诺特设计建造的皇家庭院——凡尔赛宫花园（见图 1-31），标志着法国古典主义园林时代的来临。设计建造凡尔赛宫花园所用的崭新的园林景观设计样式是一种适用于平原地区的典型的规则式设计样式，凡尔赛宫花园也成为规则式园林景观发展到巅峰的体现。直到 18 世纪中叶，这种设计样式还是西欧的景观园林建设的主流样式。

凡尔赛宫花园的总体布局充分体现了至高无上的王权，同时将几何形状运用到了极致。宫殿中轴线上的建筑延伸为花园整体布局的中轴线，景观流线从宫殿、花园到林园逐步展开，同时又将林园作为花园景观的延续和背景，构思十分巧妙（见图 1-32）。凡尔赛宫花园规模宏大，布局严谨有序，轴线连贯，整体构图明确又完整，对景观尺度与形态的把握恰到好处，景观跟随轴线由近及远呈现出明显的层次。勒・诺特运用笛卡儿的数学方法，用大比例的几何构图分割空间，用相交的轴线限定空间，通过延伸的轴线、精确的比例关系、精准的透视展现了笛卡尔的哲学。勒·诺特采用一种非常明确、精练、简单的形式取代了文艺复兴时期景观园林繁复的组织形式，将建筑与园林看成一个整体，从而形成了一种宏伟壮丽而又统一的景观格局。

图 1-31　凡尔赛宫花园

图 1-32　凡尔赛宫花园的景观流线

由此，我们可以看出法国古典主义园林的主要特点：在空间布局上，明确空间组织结构，注重景观空间立面的起伏变化，严格把控空间关系的疏密关系；在造园手法上，充分运用透视原理，依据地势对景观进行合理的处理和组合，从而形成富有变化的三维景观空间，同时利用景观色彩及明暗对比产生一种戏剧性的效果（见图 1-33）；在景观要素的选择上，法国古典主义园林让中轴线更为突出，延长后的林荫道让整体景观看起来更为深远。总体来说，法国古典主义园林在一定程度上继承了意大利巴洛克风格的园林的造园手法及造景要素，并在古典主义美学思想的指导下将其推向更高的水平。

图 1-33　凡尔赛宫花园的景观色彩

【点评】景观色彩及明暗对比的合理搭配和利用，可以使景观设计取得事半功倍的效果。丰富的色彩层次、清晰的明暗关系可以对塑造整体的景观效果起到画龙点睛的作用。

8. 18 世纪至 19 世纪的英国园林

18 世纪的英国自然式风景园林的形成不仅受到英国自然环境因素的影响，也受到当时的政治、经济、文化与艺术思潮的带动。这种园林形式可谓欧洲园林史上一次史无前例的革命，并对此后园林的发展产生了巨大而深远的影响。

英国自然式风景园林大多是在原有的贵族规则式园林的基础上改造而成的，过去整齐的台地、林荫道、水池等被改造成自然状态下的缓坡、树丛、池塘等，自然田园风光被引入园内。人们注重挖掘自然之美，打造富有人情味的景观（见图 1-34）。英国自然式风景园林的兴起与发展加速了英国从古典主义向浪漫主义的转化。

在这个时期，大片的缓坡草地成为园林的主体，起伏和缓的地形不仅有利于建构富有层次且各具特色的景观，也起到了一定的遮挡、阻隔视线的作用。这一时期的园林景观设计打破了以往规则的轴线对称的构图定式，建筑也不再作为景观主体，而是融于景观之中。当时英国的造园家将风景画作为景观创作的蓝本，用自然的河道、溪流以及未经人工修饰的池塘、湖泊等使水体的形态更优美，并在水体周围采用蜿蜒的自然式驳岸围合方法，形成清新、雅致的景观特点。水面上通常架有拱桥和廊桥以沟通两岸，这些桥同时构成园中一景。园路基本由流畅的曲线构成，没有明显的主次之分。植物采用自然式方法种植，利用草地、孤植树、树团、树林等形成景观层次，充满亲切宜人的自然气息。

图 1-34　英国博奈森庄园

【点评】独具特色且自成一派的英国自然式风景园林提倡人与自然和谐共生、亲密接触。庄园内植物自由生长，不加修剪，随意组合。这种放任自流的设计形式让庄园欣欣向荣，鸟语花香，但在草丛深处又蕴藏着神秘感，尽显大自然的魅力。

18 世纪中期，由于地域间交流的增加，英国的园林景观创作开始大胆采用富有异域风情的景观元素，如丘园中的中式高塔（见图 1-35）等。

图 1-35　英国丘园中的中式高塔

到19世纪，英国园林中开始出现富有时代特点的玻璃温室，里面种植着来自各国的奇花异草。草地上密植着各色花卉，并且开始注意花期、颜色和株形等的搭配。树木的种植也更加考虑搭配的巧妙，注意各树种高矮、冠形、姿态的变化与组合。从整体上讲，19世纪英国的园林风格较为时尚。

9. 19世纪城市公园运动的产生与发展

随着资产阶级革命的进行，欧洲各国封建君主政权陆续瓦解，社会经济与文化得到跨越式发展。城市人口急剧增加，城市用地也不断扩大，各种城市问题纷至沓来，打破了欧洲传统的园林格局。城市赋予园林新的概念，产生了与传统园林在形式、内容上具有较大差异的新式园林。

资产阶级革命后，许多皇家贵族园林被收归国有，并逐渐向公众开放。随着城市规模的不断扩大，城市中又出现了公共绿地，即出现了真正为方便市民休憩、游乐而设计的城市公园。19世纪以后的城市公园以自然式景观为主，结合规则式景观建造而成，大多采用新古典主义、折中主义的设计风格。

较早进入工业化时代的英国在城市公园的概念、理论与实践上均处于领先地位。英国自然式景观风格不断成熟与完善，逐渐成为现代城市公园的主要风格。这种极富浪漫主义特点的景观风格不仅充分改善了过分人工化、机械化的城市环境，并且为城市公共开放空间建设的理论发展打下了基础，拉开西方现代景观设计序幕的美国城市公园运动便是在此基础上开展的。

在19世纪的自然主义运动中，出现了以奥姆斯特德与沃克斯设计的纽约中央公园（见图1-36）为代表的现代景观，设计师极富创造性地在喧嚣的市中心开辟出一大片绿地精心设计，以供市民进行户外活动、放松身心。城市公园的服务对象由此扩大至社会全体人员，城市公园成为真正意义上的大众园林，开创了城市文明发展与建设的新纪元。

图1-36　美国纽约中央公园鸟瞰图

【点评】被称为纽约“后花园”的中央公园，位于曼哈顿中心区域。该公园既是纽约最大的城市公园，也是纽约第一个以园林学为设计准则的公园景观。中央公园内的所有景观皆由人工构造而成，园内除了大片绿茵茵的草地、郁郁葱葱的小森林、碧波荡漾的湖泊外，还配有庭院、溜冰场、旋转木马、露天剧场、动物园、运动场、美术馆等设施。

看到公园不仅促进了城市经济发展以及城市功能的革新，还为市民提供了极好的户外活动空间后，美国开始大力倡导城市公园运动，而奥姆斯特德成了这场运动的领导者。在美国早期的城市规划中，奥姆斯特德与他的追随者设计了一系列景观绿地和城市公园，为美国城市空间形态的发展打下了基础，同时也影响了其他国家景观设计的发展。在美国城市公园运动的进行过程中，一个新的学科——景观设计学创立了，并作为一门旨在改善人类户外生存环境的综合性学科逐渐被人们所重视。

景观设计学在美国创立并发展后，在 20 世纪初迅速被世界上的其他发达国家借鉴和引入。英国、德国、加拿大、澳大利亚、日本等国结合本国国情与文化，先后建立了符合本国发展情况的景观设计学教育体系，并积极开展景观设计实践活动，促进了许多优秀的现代景观设计作品的诞生。

1.2.2 东方园林景观发展简史

以中国园林与日本园林为代表的东方园林体系，讲求自然与意境的结合，强调打造山水园林景观，注重表现浑然天成的和谐之美，以形成可游、可赏、可居的园林环境。

1. 中国园林

中国古典园林是社会经济发展到一定阶段的产物，是人们追求高品质生活的物质化反映。它以我国历史文化为发展背景，不断地自我完善并持续发展，最终形成了源于自然又高于自然，富有诗情画意的园林体系。

（1）萌芽时期

中国古典园林的兴建最早可追溯到黄帝时期的圃，《说文》中记载有“圃，种菜也”，由此可以看出中国古典园林起源于农业生产。到殷商时期，出现了用于祭祀神明的高台，高台四周河流环绕，此时中国古典园林开始由生产用地演变为祭祀场所。周朝则出现了我国最早的造园形式——囿，它是圈地放养禽兽之所，以供王公贵族狩猎和游玩。囿中主要的建筑便是台，台是人与天进行联系的物质载体，囿与台的组合形式成为中国古典园林的雏形（见图 1-37）。此后，各诸侯纷纷效仿建造囿圃高台，中国古典园林的娱乐性逐渐加强。

图 1-37 湖北潜江章华台遗址

春秋战国至秦汉时期，各诸侯国盛行享乐之风，大量修建模仿自然美景、宛若“神话仙境”的池沼楼台。春秋战国时期的园林随着思想文化的变迁，出现了富有人情味的宫苑。秦汉时期出现了我国第一个造园活动的高峰。帝王的宫殿与宫苑相结合，形成了传统的皇家园林。如秦始皇统一六国后，在渭河之南修建了上林苑，并在上林苑中修建了阿房宫。这一时期，造园多采用“一池三岛”的模式布局，以此构筑“蓬莱仙境”。汉朝时，宫苑的规模则更为宏大，造园技术以及艺术审美也达到了更高水平。同时，一些官吏与外戚建造私家园林之风蔚然兴起，以模仿自然山水为主的造园风格由此发展起来。

（2）转折时期

魏晋南北朝是中国古典园林发展的转折时期，这一时期中国古典园林的发展出现了重要变化。

第一，山水文化园林出现。在以自然美为核心的美学思潮的影响下，私家园林、牧歌式的田园、庭院、山庄等融合了山水文化的内涵，自然山水在园林中被艺术化地再现，山水文化园林由此产生。同时文人开始参与园林构建，他们追求营造如诗如画的意境，讲究再现山野意趣，园林的布局委婉曲折，更富审美情趣。

第二，寺院园林兴起。佛教在南北朝时期从印度传入中国，佛教的盛行促进了大量佛寺的修建，寺院园林（见图 1-38）随之兴起，从而拓展了造园活动的领域。由此可以看出，南北朝时期宗教文化的兴盛对我国园林艺术的发展产生了深远影响。

图 1-38　始建于北魏时期的云冈石窟

（3）全盛时期

隋朝结束了中国长达 300 多年的战乱和割据局面，建立了空前强大的封建帝国，而唐朝是中国古代历史上的鼎盛时期。隋唐时期是中国古典园林发展的全盛时期，我国主要的三大园林类型也基本形成。在当时的政治、经济和文化的作用下，皇家园林（见图 1-39）的规划与设计更为精致，不仅沿袭了构造神山仙海的造园传统，更为突出水体景观，形成了利用水体穿插划分庭院空间的规划形式。私家园林更加讲求艺术性，更加注重对景观特点和细节的刻画，植物的配植和栽培手法更为多样，从美学思想到造园手法都进入了成熟阶段。由于当时“中隐”之道盛行，大量文人参与到造园活动中，文人园林兴起。到唐朝时，文人将诗画融于景观的做法已初现端倪，他们通过园内景观使人产生联想，从而形成深远的意境。如唐朝著名诗人王维的画作《辋川图》（见图 1-40）中的辋川别业即采用写意的造园手法建造而成，从而形成高雅、清新的景观格局和深远的景观意境。此外，唐朝时人们开始注重城市建设，出现了许多公共园林及绿化景观，其中也包括点缀于风景区之中的寺院园林。唐朝最早的公共园林应是位于长安城东南隅、利用低洼地改造而成的曲江池（见图 1-41），当时大规模营建曲江池，使曲江池成为水域千亩、名冠京华的游赏胜地。

图 1-39　陕西西安华清宫一隅

图 1-40　王维画作《辋川图》

（4）成熟时期

两宋时期，社会经济的稳定发展使中国古典园林艺术逐渐趋于成熟，并形成了一套完整的构建体系和理念，各种风格特征也已基本形成。两宋时期的中国古典园林不仅在数量上有所增加，在艺术造诣上也达到了更高的水平和境界。

由于两宋时期艺术与文化的发展尤为突出，因此造园活动与书法、绘画、文学等的结合日益紧密并形成了统一的有机体。受禅宗哲理与写意画派的影响，中国古典园林逐渐出现“壶中天地”的园林格局，其象征性与文学化已成为中国古典园林的新特征。此外，写意的造园手法在两宋时期已到达登峰造极的境地，展现出极强的艺术生命力与创造力。这一时期，几乎所有私家园林（见图 1-42）都采用了文人园林简约、舒朗、雅致、天然的造园形式，此时也成为中国古典园林发展史上的一个高峰。

图 1-41　曲江池遗址公园

图 1-42　沧浪亭（原为北宋文人苏舜钦的私家园林）

（5）巅峰时期

明清时期，中国社会在这近600年的时间里一直处于相对稳定的局面。在拥有丰富的物质资料的基础上，人们开始寻求满足精神需求的方法。因此，明清时期的中国古典园林在承袭唐宋时期的造园传统的基础上开始追求新的发展，造园艺术与技术达到十分成熟的水平，形成了集理性精神与浪漫情怀于一体的园林景观，达到了园林艺术发展的巅峰。

这一时期的江南私家园林数量剧增，许多皇家园林效仿江南私家园林的意趣和造园手法，使皇家园林中名园荟萃，产生了“园中园”的景观格局。特别是康熙、乾隆二帝多次下江南，深感江南私家园林的秀美意境，回到北京后相继建成了著名的“三山五园”（五园指圆明园、静宜园、静明园、清漪园（见图1-43）、畅春园）和承德避暑山庄（见图1-44）等一批具有里程碑意义的大型皇家园林。清代的皇家园林将江南私家园林的风格与北方的地理环境相结合，形成了既能展现皇家的威仪和气派，又能突出自然天成的意境之美的园林风貌。

明清时期的私家园林集古代园林艺术之大成，不再一味地模仿自然，而是概括自然美的内涵，反映人们对美与理想生活的追求，体现人与自然的融合，达成自然与文化的高度统一。私家园林发展到后期形成了江南园林、岭南园林、北方园林等具有不同地域风格的园林，其中江南园林（见图1-45）以其精湛的造园艺术成为中国古典园林中的经典之作。但由于当时市民文化的兴起，宅院园林被大量兴建，逐渐出现了园林密度过大、造园可用空间狭小且流于形式等问题。

图1-43　清漪园（后更名为颐和园）

为了适应市民阶层的生活习惯和实际需求，当时的公共园林建设与商业、服务业相结合，形成了临水而就的公共绿化空间。

此外，明清时期也出现了许多成熟的造园理论和造园家，如计成编著的《园冶》标志着中国园林艺术的高度成熟，陈淏子的《花镜》是我国历史上较早刊行的园艺学专著。

中国古典园林一直处在一个较为封闭、与外界交流较少的发展环境中，它是通过世世代代的摸索、探求与总结而逐渐完善、成长并流传下来的。相对闭塞的发展环境使中国古典园林能够稳定却又较为保守地发展，同时也促使其形成了具有鲜明地域特色与文化特色的景观风格。

图 1-44　承德避暑山庄

图 1-45　上海豫园

（6）中国古典园林的造园思想

中国悠久的造园历史，促进了精湛的造园技术和具有鲜明特色的造园艺术的形成。而中国源远流长的思想文化对中国古典园林的发展起到了重要作用，特别是儒家和道家的思想一直作为造园指导思想沿用至今。儒家强调推崇自然，道家崇尚回归自然，儒家和道家对待自然的态度推动了中国古典园林的建设。

在对待自然的态度上，儒家主张通过提升自我道德水平从而达到与天地万物合一的境界。“比德思想”体现了儒家的自然审美观，即从伦理道德的角度体验自然，领略和感悟自然之美。孔子所说的“智者乐水，仁者乐山”，便是追求山水仁德，讲求将“情”与“志”寄托于山水间，从山水中体会人格之美。文人园林从本质上讲便是文人志士完善人格的场所，他们在城市中建造模仿山水自然环境的园林，将自己的情感与意志寄托于园林景观，便是满足了其既坐享山林之美，又不远离尘世的意愿。此外，从对园林植物的选择上，也能看到儒家“比德思想”的运用。如宋代文人周敦颐的《爱莲说》将荷花“比德”于君子，出淤泥而不染的荷花正是君子洁身自好的真实写照；又如将竹子作为高尚、有气节的品格象征等。儒家的“比德思想”在古代造园中的运用，便是赋予山水、植物的某些特性一定的文化内涵，让人们在观赏美景的过程中获得别样的审美情趣。

中国自古就有崇尚自然、热爱自然的传统。春秋战国时期的《易经》中提到了“天人感应”“道出于天”等认为人是自然界的一部分的内容。《庄子》中的“天地与我并生，而万物与我为一”则将人与天地万物紧密联系在一起，强调人与自然的和谐相处。汉代学者董仲舒更是提出“天人之际，合二为一”的看法，从而逐渐形成“天人合一”的哲学主张。其中，在造园中运用最多的“象天法地”“道法自然”“阴阳有序”也正是体现了道家“天人合一”的哲学思想。

“象天法地”指在城市规划、园林建造上考虑天地方位的对应。自古以来“天圆地方”的思想观念一直影响着我国园林景观的规划与建设，如圆形的天坛与方形的地坛对应，天坛的祈年殿作为皇帝“通天”的场所，整个建筑形式都对应着天地方位。除此之外，我国古代许多皇家宫殿和陵寝的规划、设计甚至取名都体现了帝王对“天人合一”的追求以及与天同构的夙愿。

“道法自然”则是道家思想的核心。在这一哲学思想的指导下，造园艺术的最高目标便是将人的情感寄托于园林景观之中，从而使人获得精神上的解脱，摆脱世俗的羁绊，领悟生命的真谛，享受生命之美。文人志士凭借其对自然风景的理解以及高度的鉴赏水平，自行规划、设计其庭院园林。在造园过程中，他们又融入了自身对人生真谛的见解与领悟，通过造园寄托情思，陶冶性情，最终形成了中国古典园林“源于自然，而又高于自然”的造园理念。计成的著作《园冶》中提到的“虽由人作，宛自天开”便是强调一种亲近自然、师法自然的造园理念和造园原则。

“阴阳有序”则源自古人对天文地理的观察与理解。古代人认为，天地万物皆是相辅相成、对立统一的关系。《老子》提出阴阳是万物普遍具有的属性，而《庄子》则进一步提出正是阴阳的相互作用才产生了万物，阴阳是万物生成的本源。

中国古典园林的建造运用了景物对立统一的关系，用欲扬先抑、小中见大、藏露结合、虚实相生等艺术手法，通过表现景物的大小、藏露、虚实等关系，使人产生联想，从而感受到景物的无限魅力。中国自古崇尚“含蓄之美”，在造园中，利用藏露结合的艺术手法，用障景、漏景、框景（见图1-46）规划园林空间，表现出虚实相生、隐约婉转、意味深长的意境。此外，江南园林大多占地较少，所以在造园时大多采用以小见大、欲扬先抑的艺术手法来增强空间层次感，营造一种协调之美。

禅宗思想常被运用于寺院园林（见图1-47）的构建中。寺院园林为僧侣提供了寂静冥想的场所，园林中的风声、鸟鸣更反衬出虚空与寂静，渲染出“禅”的气氛。《华严经》中提到的“一花一世界，一叶一如来”，描绘的便是超凡出世的意境。僧侣希望获得心灵的平静，通过潜心修炼达到涅槃的境界，即禅宗“虚空”的最高境界，而寺院园林便为僧侣解放心灵、参悟人生提供了场所。

图1-46　江苏扬州何园框景

【点评】框景作为中国古典园林的主要构景手法之一，指利用建筑的窗棂、门洞或树木合抱所围合的空隙，将远处的美景纳入框中。这便是《园冶》中提到的：“藉以粉壁为纸，以石为绘也”。这一构景手法考验的是造园家把握景观组合及造型、构图的综合能力。框景的合理运用不仅能营造出深远而耐人寻味的意境，为景观增加文化底蕴，也可让观者在游赏的过程中体会到无限的乐趣。

图1-47　中国佛教禅宗古刹——浙江杭州灵隐寺

【点评】在景观构造过程中，景观设计师需要从全局考虑，整体把握景观主题及风格。同时要灵活地运用寺中的一花、一叶、一石，从景观的色彩、造型、数量、组合、位置、角度等方面思考、设计，从而深化主题、营造意境。

（7）中国近现代景观设计的发展。

中国近代动荡的社会局势，严重阻碍了我国城市景观园林的发展。西方城市景观设计思想的入侵，使我国产生了一系列受西方文化影响的城市景观，由此也阻碍了中国古典园林艺术的发展。中国近代的公园多采用法国规则式、英国自然风景式景观风格样式，如 1868 年建造的上海黄浦公园、1908 年建造的上海复兴公园（见图 1-48）、1919 年建造的北京中山公园等。辛亥革命后期出现的一批城市公园，则是在原有景区和古典园林的基础上扩建和改建而成，或者另辟新址参照西方造园手法仿建而成的，如广州中山公园、汉口中山公园（见图 1-49）等。在这个时期，虽然西方先进的景观设计理念对我国园林景观的开放性、公众性、管理方式等方面产生过积极的影响，但也严重阻碍了我国对本土传统造园艺术的继承与发展，这在一定程度上造成了我国现代景观设计发展缓慢、缺乏创新、缺少特色等问题的出现。

改革开放以来，西方现代景观设计理念不断被引入，使我国公共园林景观设计呈现出积极的发展势头，城市公共绿地景观蓬勃发展，并且出现了许多城市小游园，如济南护城河（见图 1-50）等。

图 1-48　上海复兴公园

图 1-49　汉口中山公园

图 1-50　济南护城河

【点评】“泉城”济南的护城河由泉水汇集而成，环抱整座城市。通过长期的河道维护和治理，护城河让济南成为全国唯一可乘船环游老城区的特色风貌带的城市。河道沿岸景观依托老城区的建筑风貌进行设计，同时也连接着济南多个著名景观。如今，依托济南护城河所建成的环城公园已成为市民休闲娱乐的主要场所。

到20世纪90年代初，我国的城市景观建设在全球化的影响下，出现了许多模仿和西化现象，盲目地追求规模和形式，而忽略了对人文环境、文化脉络、地域特色的保护。直至20世纪90年代末，人们才认识到之前的景观设计及建设存在的问题，并且开始关注景观环境的可持续发展问题，以及景观空间与周围环境的融合问题。

2000年之后，我国的景观设计迈入一个崭新的发展阶段。随着国外各种设计思潮、设计公司的涌入，我国的设计界、设计市场受到极大的冲击。在这样一个多元文化共存、竞争极其激烈的环境中，我国景观设计的发展逐渐趋于成熟。如上海延中绿地（见图1-51）的建设便体现出“兼容并包”的多元化设计理念，并展现出空间形态的多维度、功能的复合化和多样化等特点。

图1-51　上海延中绿地

【点评】上海延中绿地主要由3个部分组成。南部以历史文化古迹为中心进行景观营造，形成肃穆庄重的空间氛围。中部根据地形的起伏种植数种乔木，并通过配植各种灌木、花卉，形成错落有致、疏密有序、层次清晰的公园“森林”景观。而北部则利用高10米、长150米的黄石打造山水瀑布景观，瀑布周围种植着品类繁多的珍贵花木。该绿地野趣昂然，曲径通幽，在山水之间蕴藏着无限美景，为久居都市的人们提供了亲近自然的机会。

2. 日本园林

日本园林景观在吸收了中国传统造园手法的基础上，结合本土文化特色及地理环境特点，形成了具有鲜明地域特色的园林风格体系。日本园林景观以清新、素朴、自然的设计风格闻名于世，注重重现和营造自然界中的原始景观，尽量免于人工斧凿，从而创造出淡泊、清宁的自然之境。

日本的园林发展大致分为日本古代园林、日本中世园林、日本近世园林、日本近现代园林4个阶段。日本园林的发展始于皇家园林，随着时间的推移，相继出现了武家园林、寺院园林以及公共园林。日本园林发展至今一共经历了6次变革。第一次是飞鸟奈良时代形成的以池岛为骨干的池泉园林；第二次是平安时代出现的以舟游式为主的寝殿造园林和净土园林；第三次则是镰仓时代的回游式池泉园林和枯山水（见图1-52）；第四次是室町时代形成的回游式与舟游式相结合的池泉园林，以及由枯山水发展而成的石庭；第五次是桃山时代出现的茶道与园林结合而成的茶庭（见图1-53）；第六次则是江户时代带有茶室的回游式池泉园林。

图 1-52 日本枯山水景观

图 1-53 日本京都桂离宫中的茶庭——笑意轩

1.3 景观设计未来的发展趋势

随着城市化的不断推进，人们对景观的建设提出了越来越高的要求——提高人居环境质量、凸显地域特色、注重生态环保等，这给现代景观设计提供了更为广阔的发展空间和前景。为了协调人与环境的关系，维护人与其他物种生命的健康和可持续发展，景观设计这门学科的内容和形式一直在不断扩充与丰富，以期满足时代和社会的需求。

1.3.1 地域文化特色的凸显

景观设计往往能直接反映社会文化程度与水平。各地区文化理念的差异影响着区域景观的建设，个人的文化层次也影响着人们对景观的理解和审美。同时，作为一门反映时代特征的学科，景观设计也受到不同时期文化标准的影响，是人类精神世界的真实写照。随着时代的发展，景观设计发展成一门集自然、社会、科学、艺术、文化于一体的多元化学科，未来学科的发展将更注重自然与文化的结合，从而使人居环境、自然环境、文化环境三者相协调。

在全球一体化不断推进的今天，外来的景观设计风格正不断冲击着本土景观设计产业。就我国而言，工业化大生产催生的标准化生产链满足了城市快速发展的物质需求。国外优秀的景观作品、设计风格、行业信息的引入既开阔了人们的视野，也给国内的设计公司提供了丰富的借鉴范本。城市化的快速推进，给我国的景观设计提供了无限的发展空间，同时也带来了无法忽视的问题，即景观设计在一定程度上忽略了对中华传统文化的继承，设计的“同质化”现象让国内许多城市的景观缺乏地域文化特色。

地域文化是指在某一地域范围内，在自然地理环境与人文因素的共同作用下所形成的具有独特性的文化综合体。地域景观是指各景观要素与周围的自然环境、人文特征相结合，既符合该区域大众的审美习惯，同时也反映出地域文化特色，是对地域历史文化的传承。为了避免出现“千城一面”的状况，景观设计应注重对地域文化的挖掘、保护、提炼、继承和发扬（见图 1-54）。摸清城市历史发展脉络，用发展的眼光看待传统文化，将最具特色的文化元素运用于现代景观设计，让地域文化在景观建设中焕发新的活力与生命力，再现传统文化的精神内涵和价值。

图 1-54　“5 • 12”汶川特大地震纪念馆鸟瞰图

【点评】“5 • 12”汶川特大地震纪念馆位于北川羌族自治县曲山镇。该纪念馆占地面积较大，由纪念馆和地震遗址区两部分组成。纪念馆主体建筑名为“裂缝”，寓意着“将灾难时刻闪电般地定格在大地之间，留给后人永恒的记忆”。而整个建筑造型运用了大地景观的造景手法，通过对整块地面的切割、抬起，形成地形的起伏变化，由此划出主要的建筑体量，并通过下沉广场和步道向外延伸，使建筑逐渐与外围平缓的草坡融为一体，草坡一端局部翘起并露出地面，象征着新生和希望。

1.3.2　功能的完善与细化

与人们日常生活紧密相关的景观，现如今除了需要为人们提供基本使用功能外，还需要考虑满足人们更高层次的精神需求。随着城市经济发展水平和人们生活水平的提高，景观被赋予了更多功能，如审美功能、安全保护功能、信息功能等。

景观的基本使用功能不仅要满足人们放松身心、休闲娱乐、锻炼身体等需求，还应具有一定的教育功能，即在景观设计中要重视人文景观的建造，通过充满文化氛围的景观环境陶冶人们的情操。

景观的审美功能是指景观的构建通常能带给人美的体验，环境的改善不仅会让人们心情愉悦，也对人们审美水平的提高有积极影响（见图 1-55）。在景观设计过程中要重视景观的审美功能，不论是在景观的整体布局、空间意境还是景观细节上都要展现出艺术美。

图 1-55　悉尼城市道路夜景

【点评】利用绚烂的光影装置来装点城市，让城市呈现出奇妙的视觉景象，让人眼前一亮。

景观的安全保护功能则主要体现在对自然环境、生态环境的保护上，通过景观的构建起到改善生态环境、调节地区气候、净化区域空气、保持水土、减少噪声等作用。

传统的景观设计注重对空间形态的塑造以满足功能需求，现如今的景观设计则让景观承载了更多信息。景观设计师和管理者广泛运用现代信息技术，如多媒体技术、数据库技术、网络技术等，将其融入设计理念与人的审美需求当中，通过对有效信息的读取，提供更为简洁、清晰的景观形式；通过多媒体技术创造互动景观；通过对信息的设置、调节，使景观富有变化、空间富有弹性。景观不再固定扮演某一种角色，而是开始随着信息的变化提供多种功能。随着景观功能的不断完善与细化，集各种功能于一体的景观环境将更能切合大众的不同需求，成为人们生活中不可或缺的一部分。

1.3.3 风格与形式的多样化

相较于传统的中国古典园林、日本园林、法国宫廷式园林、英国自然风景式园林，现如今的城市园林景观呈现的风格与形式更为丰富多样，且表现出强烈的个性化特征，自然主义、现代主义、生态主义、后现代主义等风格或形式不断涌现。

景观设计风格的多样化主要表现在设计要素日新月异，不断变化和丰富。景观设计师创新性地运用各类材料和高新技术手段，创造出符合时代特征的城市景观；自由地运用光影、声音、色彩、质感等设计要素，结合地形、水体、植被、小品、建筑等区域条件，通过对设计要素的创新运用和组合，形成各具风格的景观效果（见图 1-56）。同时，时代发展带来的高新材料和高新技术手段，也给了景观设计师在景观设计过程中尝试新的设计风格与形式的可能。此外，景观功能的不断完善与细化也对景观的形式提出了更多要求，因此为了满足各种景观功能需求，景观设计师也开始在景观的形式上大做文章。

图 1-56 芝加哥千禧公园

【点评】位于芝加哥千禧公园的云门雕塑，是以液态水银为灵感建造而成的一个重 110 吨的无缝不锈钢豆形雕塑。圆润光滑的金属表面倒映着芝加哥的城市风貌，远处的天空、高楼、绿树、湖泊等景物都被站在雕塑下的游客尽收眼底。曲面造型则让这尊雕塑成为一面哈哈镜，站在雕塑下方的人映在雕塑表面会呈现出夸张扭曲的形象，奇妙而又有趣。

1.3.4 科学技术的创新运用

人类文明的发展带来了科学技术的进步，越来越多新的设计理念与科学技术被应用于景观设计，而新技术也逐渐成为景观设计师重要的灵感来源和设计手段。而各种高新技术的出现，也使景观设计展现出不同于以往的面貌。

科学技术的进步，使景观设计师在景观设计表现手法上有了更大的选择空间，而对科学技术的创新运用不仅改变了人们的审美观念，也给予了人们独特的视觉体验。同时，新材料带来的不仅是崭新的景观外观质感，更多的是实际效益，不论是在功能还是在价格、可行性上都为景观设计提供了更优选择（见图 1-57）。

图 1-57　塞勒姆州立大学湿地走廊

【点评】该区域原本是工业用地，后被征用为校园绿地进行开发。但该区域的土壤受以前工厂的影响出现功能退化情况，不具备支持植物生长的能力，亟待整治。景观设计师通过科学技术对土壤进行修复，对雨水进行有效管理，创造出了湿地走廊这一新颖的校园景观。湿地走廊地处学生们日常使用的中央校园环境中，结合并突出了土壤修复和雨水管理功能。湿地走廊中的一条条生态草沟既促进了校园环境和邻近的湿地的健康发展，也让数百名学生每天都能与天然的雨水管理系统进行互动，这无疑能让他们更好地了解和接受这种有益于环境的科学技术。

在科学技术高度发达的今天，科学技术不断推动着景观设计向多样化的发展方向迈进。景观设计师将新材料、新技术与自然生态、历史文脉等因素相结合，使科学技术与自然、历史、文化得以融合，景观环境的发展也被赋予了更多可能。随着现代化的不断推进，我们对科学技术的运用也应保持一种科学、理性的态度。景观设计的创新并不是对当下最高端、前沿的科学技术的运用，而是以一种科学合理的方式对现代景观进行追求和探索，这也是对未来景观设计发展的一种新的哲学思考。它有助于维持景观设计的活力与生命力，并推动现代景观实现健康而长远的发展。

1.3.5　强调生态、可持续设计

景观的生态设计需求随着后工业时代的到来日渐清晰，它反映出人们开始形成一种新的美学观与价值观，人与自然真正开始建立起合作、友爱的关系。生态设计的定义是任何与生态过程相协调，尽量使自身对环境的破坏程度达到最低水平的设计形式。随着全球化带来的环境价值的共享和高科技工具的支持，生态设计有了进一步的发展，除了考虑如何有效利用自然界中的可再生能源，同时将设计作为完善大自然能源循环与储备的一种手段，模仿地域自然生态系统的运行机制和特征，在设计中充分尊重自然，尽量避免对土地构造和地表肌理造成破坏，注重继承和保护地域自然生态系统中的特色景观。生态设计通过设计重新认识自然和生命，尊重生态伦理，以此来保护人类赖以生存的自然环境。

生态设计是在社会进步、人类发展以及自然演化过程中出现的一种协调人与自然关系的工作。因此，只有充分理解人类自身、人类社会发展规律和自然演化过程，才能使人造景观不会破坏自然生态系统，甚至能改善地域生态

系统。

当景观生态学、生态美学、可持续发展的理念被引入景观设计中时，景观设计已不再是单纯地满足人类的活动需要而营造令人赏心悦目的户外空间的过程，而成为协调人与自然持续和谐发展的重要手段。1993 年 10 月，美国景观设计师协会（American Society of Landscape Architects，ASLA）发表了《ASLA 环境与发展宣言》，提出在景观设计学视角下的可持续环境和发展理念。ASLA 还提出景观是各种自然过程的载体，这些过程支持生命的存在和延续，人类需求的满足是建立在健康的景观之上的。因为景观是一个生命的综合体，不断进行着生长与衰落的更替，所以一个健康的景观需要不断地再生。培育健康景观的再生和自我更新能力，恢复大量被破坏的景观的再生和自我更新能力，便是可持续设计的核心内容，同时也是景观设计学专业的根本目标。

可持续设计追求的是通过合理的投入而实现产出效益的最大化，强调对现有资源的永续利用（见图 1-58），从而使景观环境真正达到“质”的提升。

图 1-58　美国纽约高线公园景观

【点评】纽约高线公园原本是一条连接加工区和港口的铁路货运专线，遭到废弃后，铁路轨道沿线被景观设计师改造成一个位于纽约曼哈顿中城西侧的线形空中花园。工厂、铁路的废弃机器、轨道等被保留并运用于花园景观中，形成了独具特色的风景线。景观设计师的一番改造和维护，解决了工业废弃土地浪费与环境污染问题，为纽约赢得了巨大的社会经济效益。

1.3.6　注重以人为本

现代景观强调的是创造使人和景观相融合的场所，并使两者相得益彰。这便要求在开展景观设计活动前充分研究人的行为和心理，使景观设计以人为本。

以人为本的景观设计包含对使用者的生理及心理两个层面的人性关怀，即在景观设计之初充分考虑使用者的生理结构、群体的不同生活习惯、性格特征、文化习俗、宗教信仰等因素，从而使设计成果能适应使用者的行为活动，满足使用者的需求，并让使用者获得最佳使用体验。

以人为本的景观设计可从 3 个方面进行考虑和研究：使用者的尺度、使用者在户外空间中的行为特征、使用者在户外空间中的心理需求。景观设计应从使用者的尺度、行为、情感出发，注重人对景观环境的感受与体验，满足使用者多方面的需求，例如悉尼伊恩波特儿童野趣游乐园（见图 1-59）。同时，还需要注意的是，以人为本的景观设计不论是设计前期的综合分析还是设计完成后的信息反馈，都需要使用者积极参与，从而避免设计师主观臆断，真正做到景观设计的人性化。

图 1-59　悉尼伊恩波特儿童野趣游乐园

【点评】此野趣游乐园位于悉尼百年纪念公园内，整体景观都是依势而建，巧妙运用了公园内丰富的植物与水体资源，合理地布置了各个活动区域。该野趣游乐园的设计旨在让 2 ~ 12 岁的孩子在玩耍活动中体会到探索与学习的乐趣。园内郁郁葱葱的灌木与乔木中分布着许多或宽或窄的跑道与小径，可激发孩子强烈的好奇心与探索欲。同时，设计师将孩子的玩耍区域与家长的看护休憩区域紧密结合，打造更安心与舒适的游玩环境。园内看似随意摆放与堆叠的木料，其实是一座座别致的“独木桥”，可锻炼孩子的平衡能力与毅力。野趣游乐园内各处独具匠心的景观设计，都从促进孩子的健康发展的角度出发，通过精心的设计来激发孩子的活力与潜能。

现代景观设计采用的是多学科交叉的方法来研究人与环境、行为与场所之间的互动关系，全面而系统地进行环境行为与景观设计理论的研究与应用。因此，未来人性化的景观设计可以更多地借鉴其他学科的研究成果，如行为地理学、环境心理学、人体工程学等，将景观设计建立在多学科理论与实践经验相结合的基础上，以此满足使用者生理和心理上的多种需求。

复习思考题

1．谈谈你对景观设计定义的理解以及看法。

2．你喜欢哪种景观设计风格？为什么？

3．谈谈你对景观设计未来的发展趋势的看法。

课堂实训

1．用自己的话概括西方及东方园林的发展简史。

2．查阅相关资料，选出自己喜欢的景观设计案例并进行讲评。

第 2 章

景观设计基础——要素与类型

学习要点及目标

- 认识景观设计的要素与类型，理解其概念。
- 探究不同类型的景观设计的设计手法。

核心概念

景观设计要素　　景观设计类型　　设计手法

景观设计，实际上指将多种景观设计要素通过不同的设计手法在空间上排列组合，形成不同风格与类型的景观。它既是风格各异的景观设计要素的具体体现，也是不同的景观设计要素在景观设计中相互作用的结果。总体来说，景观设计反映了人们的环境观念及对外部世界的看法。

现代景观设计强调尊重自然、尊重人性、尊重文化，讲究通过空间、行为、生态及人文精神的有机结合，综合提升土地的使用价值和效率，以一种可持续的方式促进人居环境的发展。正如约翰 • O. 西蒙兹所说："景观，并非仅仅意味着一种可见的美观，它更是包含了从人及人所依赖生存的社会及自然那里获得多种特点的空间；同时，应能够提高环境品质并成为未来发展所需要的生态资源。"

从景观设计概念产生至今，无论景观设计发展到何种程度，其本质仍在于探索人与环境的关系，基本内容依旧是围绕一定目的和主题，重新调整、安排环境秩序，使之符合功能、科学、文化背景等多种要求。人们在景观生态学原理、现代空间理论以及艺术设计思潮等领域的探索与研究奠定了现代景观设计发展的基石。

景观设计的发展历经百年，其内容已经扩展得非常广泛，涵盖了植物、水体、地面铺装、景观小品等景观设计要素，以及居住区景观设计、广场景观设计、公园景观设计、滨水景观设计等景观设计类型。

引导案例

重庆凤鸣山公园位于重庆市沙坪坝经济开发区，占地面积约 16000 平方米。公园南部是旧住宅小区，北面是华誉城，西边是上桥路，东侧是枫溪路，高差明显的特殊地形形成了独特的"山形"动态景观。绵延的山峰、四川盆地的山谷、水稻梯田、蜿蜒的长江和重庆薄雾弥漫的神秘天空在公园周围形成了巨幅的自然背景，景观设计师从中汲取灵感，设计了亭阁、"Z"形小道（见图 2-1）、公园地形，并运用了与天空颜色对比强烈的鲜艳颜色。

入口处红色和橘色相间的雕塑好像在舞动，将游客引向广场停车场。第一个亭阁设在入口处，游客顺着亭阁沿山坡一路向下，可以看见延绵不绝的山峰。每个亭阁都沿着"Z"形小道精心布置，将游客引向下方的"山峦"，最终引导游客到达销售中心。白天，亭阁洒下阴凉；夜间，被灯光点亮的亭阁则变身为绚烂的"灯笼"。

从广场一直流向销售中心的水体（见图 2-1）元素是凤鸣山公园的重要组成部分。水渠、水池、喷泉等不同的水体，不仅能划分空间，潺潺的流水声更是令游客心旷神怡。

图 2-1　广场小道及水体

【点评】从入口处的雕塑，到“Z”形小道，再到蜿蜒的水体、拐角平台，最终到销售中心，整个公园形成一个连续的整体，成为洋溢着快乐、活力和备受喜爱的重庆的标志性城市景观。

2.1　景观设计要素

景观设计要素主要包括植物、水体、地面铺装、景观小品 4 个方面，通过对景与借景、添景与障景、引导与示意、渗透与延伸、尺度与比例、节奏与韵律等设计手法达到最终的设计目的。设计手法结合景观设计要素的综合运用，既能创造出高品质的生活环境，也能创造出人与自然之间新的和谐关系。下面对常用设计手法进行介绍。

（1）对景与借景。对景指在景观布置中，在建筑轴线和道路轴线的不同位置布置相呼应的景物，两个位置可以互相欣赏景物。对景可以分为直接对景和间接对景，直接对景是视觉上最容易观赏到的景物，如道路尽端的亭台、水池等景观小品。而间接对景往往选择在隐蔽位置或偏离轴线的位置，在视觉上给人若隐若现的感受。借景也是常用的设计手法之一，通过建筑空间的组合或建筑本身的特点，将远处的景物借用到构图之中。由于景观空间有限，只有扩展视觉空间并引发联想才能做到以小见大。例如在苏州拙政园（见图 2-2），游客可以从多个角度看到几百米外的北寺塔，这种借景的设计手法可以丰富景观的空间层次，给人极目远眺、身心放松的感受。

图 2-2　拙政园

【点评】图 2-2 所示为苏州拙政园一景，大面积的湖水呈现出自然不规则的边界，亭台造型的水中雕塑与湖边的凉亭形成对景关系，亭中的扇形小窗则使用了借景的设计手法，追求自然风格的植物搭配与白墙灰瓦的凉亭相辉映，整体氛围与江南园林追求的返璞归真精神相契合。

（2）添景与障景。添景指在景观的中间或近处添加小品和乔木作为过渡，增添景观的层次美，避免景观显得空虚或没有层次。例如北京颐和园（见图2-3），当游客在湖畔远眺万寿山时，岸边的树木将万寿山这一远景装饰得非常生动。障景指直接采取截断行进路线或逼迫游客改变方向的方法，来实现景观的“俗则屏之，佳则收之”，事实上这也是中国古代的造园手法之一。

图2-3 颐和园湖畔

【点评】位于北京的颐和园是北方皇家园林，它的造型远看辉煌大气，建筑体量和山水体量与江南园林有明显区别，岸边的树木极好地装饰了对面万寿山上的景色。

（3）引导与示意。引导的手法多样，通常采用水体、地面铺装等景观设计要素，引导游客至景观中心位置。如公园时宽时窄、时大时小的水流，将游客引导到公园的中心。示意的手法包括明示和暗示。明示指用文字方式说明，例如路标、指示牌等。暗示是通过地面铺装、树木等有规律的布置形式引导游客，给人一种“柳暗花明又一村”的感受。

（4）渗透与延伸。在景观设计中，各景区之间没有明显的界线，而是你中有我、我中有你，融为一体，景观的延伸常常引起视觉扩展。例如，将墙面材料运用到地面上，将室内材料运用到室外，形成互为延伸、接连不断的效果。渗透与延伸的手法经常运用在草坪和铺地等位置，起着连接空间的作用，从而在视觉上形成连续的空间。

（5）尺度与比例。景观设计主要依据人们在建筑外部空间的行为而进行。例如，学校教学楼前的广场，尺度不宜过大，也不宜过于局促。尺度过大会影响学生和教师使用，影响交通流线；过于局促则会使人感到拥挤，并缺少主体建筑物的仪式感。物与空间的比例也是如此，例如设计庭院中的山石，既要照顾人的视觉感受，又要控制空间与山石的体量关系。总之，要在实践中把握物的尺度以及人与空间、物与空间的比例。

（6）节奏与韵律。节奏通常表现为地面铺装材料的变化、树木间隔的规律、座椅和灯具的均匀分配等。韵律则是对节奏的深化，例如邻水栏杆的波浪式造型、台地的弧线装饰，都能产生和谐的韵律。

2.1.1 植物

1. 植物的类别与功能

植物是景观设计要素中具有生命的要素，具有生命是植物区别于其他要素的最大特征。植物根据大小及外部形态，可分为乔木、灌木、草本、藤本、竹类、草坪和地被等；根据四季生长状况可分为常绿植物、落叶植物；根据叶形可分为阔叶植物、针叶植物等。在景观设计中，综合植物的生长类型、应用法则，植物可分为乔木、灌木、草本花卉、藤本、水生植物和草坪 6 种不同的类型。

植物这一景观设计要素在景观设计中起着至关重要的作用，其主要有生态功能、组景功能和其他功能。在生态功能方面，植物能够改善气候、调节气温、吸附粉尘、降音减噪、保护土壤、涵养水分、防风固沙等。在组景功能方面，植物独特的色、香、形和季节变化的特性，使其成为园林景观的焦点，起主景作用；使建筑物与景观协调统一，起衬景作用；用常绿植物作为绿篱、树丛烘托气氛，起烘托主景的作用。在其他功能方面，植物还有营造意境、联系空间、分隔空间、弱化地形弊端等作用。

2. 植物的种植形式

植物的种植形式有孤植、对植、列植、丛植、群植、林植、篱植、花坛、花境、草坪等。基于不同的种植形式，应遵循生态化、垂直化、适应化、多样化、层次化的原则对植物进行配植。下面介绍种植的形式。

（1）孤植。孤植是指单株乔木独立种植，或 2 ~ 3 株乔木紧密栽植成一个整体的种植形式。孤植树木可以作为局部空间的主景供人观赏，还可以起到庇荫的作用，供人休息。孤植树木要有足够的生长空间，一般种植于路旁、水体转折处或草坪上（见图 2-4）。在植物类型上，应选择观赏类树种或能起到庇荫纳凉作用的高大树种。

图 2-4　宽敞的草坪和孤植树木

【点评】图 2-4 为美国纽约中央公园，大草坪设置在公园里光线最好的位置。这里开阔的视野吸引了非常多的游客，同时草坪一侧的大树又起到了庇荫纳凉的作用。

（2）对植。对植是同一树种、同一规格的树木成主体景观中轴线对称种植的一种种植形式（见图 2-5）。这种形式多用于规则的景观环境中，树种宜选择树冠规整的类型。

图 2-5　法国凡尔赛宫园林

【点评】法国凡尔赛宫园林是世界上最大的宫廷园林，园内的道路、树木、水池、亭台、花圃、喷泉等均成几何图形对称布置，景观平面有统一的主轴、次轴、对景，布局整齐划一，展现出明显的人工修凿的痕迹，也体现出路易十四对王权和秩序的追求和规范。

（3）列植。列植指树木按一定的株距排列栽植的种植形式。列植形成的景观比较整齐、有气势，可以与道路形成夹景。这种形式多运用于规则的景观环境中，如道路、建筑、广场、水池等。树种宜选取树冠为圆形、椭圆形、圆锥形等的类型。

（4）丛植。丛植是指两株及以上的乔木和灌木混合栽种的种植形式。丛植形成的树丛，主要表现的是树木的群体美，需要考虑构图的统一和整体的观赏价值。在景观平面的布置上，树木要疏密有致，立面构图要参差错落。各树木在形态和色彩上要协调统一，同时也要有所差异，体现出变化统一的原则。树丛四周要相对开阔，留出适宜的观赏距离。

（5）群植。群植通常指由 20 ~ 30 株树木混合栽种的种植形式。群植树木主要表现的也是群体美，通常布置在具有足够长的观赏距离的开阔场地上，或者栽植在四面倾斜的地形上，利于排水和突出主景。在景观平面布局上，通常将常绿乔木布置在中间，将亚乔木和灌木布置在四周。

（6）林植。林植指在园林中成片栽植乔木或灌木，以形成林地或森林景观的种植形式，按其种植密度分为疏林和密林（见图 2-6）。

图 2-6　奥林匹克森林公园

【点评】奥林匹克森林公园是离北京市民最近的森林公园，森林公园路旁的乔木和灌木绵延数千米，令人犹如置身于一片宜人、清新的绿洲中。此外，森林公园对城市热岛效应有明显的减缓作用。

（7）篱植。篱植指用乔木或灌木以相同或相近的株距紧密种植，形成篱墙的种植形式。篱植按高度可以分为阻挡人视线的绿墙、视线可通过但人不能跨越的绿篱、人可轻易跨越的矮绿篱；按功能和观赏特性可以分为常绿篱、落叶篱、彩叶篱、花篱、刺篱、蔓篱等。

（8）花坛。花坛指在几何形状的种植范围内种植花卉，以构成美丽色彩和图案的种植形式。花坛的美表现为造型美和色彩美。花坛常布置在广场中心、道路两旁、建筑周围等作为装饰。

（9）花境。花境指半自然式的种植形式。它的景观平面布局是规则的，内部种植则是自然式的，主要体现的是植物本身的自然美和自然搭配的群体美（见图 2-7）。花境可以设置在公园、风景区、街区绿地、庭院等地，其带状的布置方式可以充分利用场地的边角位置，还可以起到分隔空间、引导浏览路线的作用。

图 2-7　英国皇家植物园

【点评】英国皇家植物园的部分区域在布局上以大片草地为中心，四周种植的用来围合空间的树木，高低错落又井然有序，看似自然的手法实则让空间更加宽广，视野更加开阔。两张长椅的放置使整个花园充满休闲气息，建筑物与树木相互掩映，并不显得突兀。

2.1.2　水体

1. 水体的特征与功能

水体是景观设计中的一个基本要素，在

东西方不同的设计手法下，呈现出不同的特征。在中国古典园林中，景观设计重在“理水”，表现其静态美，水体的聚散、曲直都有章法。日本园林中的水体则具有海岛特征，并多表现枯山水，以沙石构成的枯山水象征着人的精神世界。西方园林则采用严格对称的布局布置水体，使其与景观成为统一的整体。

水体具有美化城市空间的作用。水池、喷泉等水体可以划分或组织空间，增强景观效果，活跃城市气氛。水体是城市的融合剂，能够将人工环境、自然环境和主体建筑有机地组合成丰富多彩的城市空间。水体营造的千姿百态的景观形态能够满足市民对美的需求。

水体具有调节气候的作用。环境中的水体，无论是静水、喷泉还是湿地，都具有调节气候的功能（见图 2-8）。较大面积的水体可以调节整个水体区域的小气候，影响周围环境的温度和湿度；较小面积的水体可以调节局部地区或室内的微气候。此外，水体还可以增加空气中的负离子，增加空气湿度，减少空气中的浮尘，有利于人们的身心健康。

图 2-8　公园中心水体

【点评】喷泉、瀑布等水体增加空气中的负离子的效果非常明显，其作用远远大于植物群落。此外，水体为城市的生态环境做了重要补充，湖泊、河流等为鸟类、水生植物、水生动物等提供了良好的生存环境，丰富了景观环境的类型。

水体还具有传承历史文化的作用。中国自古以来便有“智者乐水，仁者乐山”的说法，在中国古典园林的设计中，造园家更是常常寄情于物，托物言志。水体也成为中国文化中情感的载体，蕴含哲学、文化和历史，是中华文化宝贵的精神财富。

2. 水体的造景形式

景观中的水体可以分为自然水景和人工水景。自然水景包括河流、海洋、湖泊等，人工水景有喷泉、水池、人工湖等。水景一般需要与一些景观设计要素有机结合以表现主题，如雕塑、亲水平台、亭台等。下面将介绍 4 种人工水景的造景形式，这几种不同的造景形式可以结合在一起，创造出极佳的观赏效果。

（1）静水。静水分为规则水池和自然水池。规则水池的边界通常呈规则的几何形状，水池一般可呈现其他景物的倒影，或作为其他景物的背景。自然水池的边界不规则（见图 2-9），丰富了景观的趣味性，给人一种轻松、恬静的感觉。

图 2-9　花园湖面及其不规则的边界

【点评】花园内的地面铺装采用不规则的边缘，湖上延伸的小路打破了湖面规则的形状，使花园里的各个景观相互交融。

（2）流水。流水的表现形式取决于水的流量、水道的宽窄及坡度。流动的水体能够创造出轻松活泼的氛围（见图 2-10）。

图 2-10　丽江古城

【点评】丽江古城利用现有的自然条件使形如脉络的流水穿街绕巷，引入庭院，形成“家家流水、户户垂杨”的景色。水体的不同表现形式展现了独特的地域文化，使秀美的自然风光和历史文化交相辉映。

（3）瀑布。瀑布可以分为以下 3 种：自由式瀑布指水流不间断地从一个高度落到另一个高度，它的表现形式由水的流量、流速、落差等决定；叠落式瀑布指水流从不同高度的平面上相继落下；滑落式瀑布指水流沿斜坡滑落而下。

（4）喷泉。喷泉据出水造型的不同可分为 4 种：单射流喷泉，由单管喷头喷射；喷雾喷泉，通过小孔的喷头喷出许多细小的水珠，形成雾状喷泉；音乐喷泉，与音乐配合，会随着音乐的节拍而变换形态的喷泉；造型喷泉，由各个类型的喷泉组合形成的喷泉（见图 2-11）。

图 2-11　法国里昂广场上的喷泉

【点评】水体具有特殊的质感和流动性，这样便与建筑物形成了鲜明的对比，以水体作为景观设计要素的空间更能吸引人的注意力。里昂广场上的喷泉便是这样一个典型。

2.1.3 地面铺装

1. 地面铺装的作用与设计要点

在景观设计中，地面铺装是不可缺少的要素。景观的地面铺装往往能够表现出景观的风貌，其场地一般包括景观中的道路、广场等。地面铺装除了能给使用者提供更舒适的活动空间外，还具有以下 3 个作用：①通过布局和图案引导人行流线；②影响空间比例和场地的尺度感；③创造空间个性，营造视觉趣味。

在景观设计过程中应注意，地面铺装整体要与周围环境相协调，除了合理组织各个要素间的关系之外，也不能忽视盲道和台阶的设计。地面铺装在满足使用功能需求的前提下，一般采用线性、拼图、色彩、材质搭配等手法进行设计，常用的材料有花岗岩板材、青石板、陶瓷类面砖、混凝土、鹅卵石等。

2. 地面铺装的艺术功能表现

景观场地可通过地面铺装来体现它的环境艺术功能。地面铺装的强烈的视觉效果能够起到划分空间、联系场地和美化景观的作用，同时能够营造场地独特的氛围，满足人们对美的追求（见图 2-12）。

图 2-12 地面铺装及排水篦子

【点评】图 2-12 中，地面铺装的材料为石材，设置在道路中央的金属排水篦子有着精致而漂亮的花纹，而在美观的篦子下隐藏着铸铁篦子。以金属排水篦子为界，道路一分为二，深色的石材向两侧漫开，与浅色石材交错交融，还有一些色彩明显的石板点缀其间，步行街的道路由此变得十分有趣。

在色彩上，地面铺装的色彩能够通过视觉体验强化人的情感。

在纹样上，相同或不同质地的材料能通过不同的图案和纹理，组合成平面上的规律纹样。

在材质上，不同的质感能够创造出不同的美感。花岗岩板材表现的是坚硬、华丽、典雅；陶瓷类面砖表现的是古朴、简洁；混凝土表现的是朴素和简单；鹅卵石则表现的是小巧、灵活和细腻。

在尺度上，地面铺装图案的尺度对景观空间也有一定的影响，较大的图案会产生宽敞的尺度感；而小巧精致的图案则会使空间具有压缩感和紧凑感。

2.1.4 景观小品

1. 景观小品的设计原则

景观小品是整体景观中的点睛之笔，在设计时要遵循巧于立意、独具特色、把握自然、体量适当的原则，同时应该满足使用功能需求，符合人的审美情趣，与整体环境相协调，营造空间的良好氛围（见图 2-13）。景观小品常用的设计手法有仿生化处理、雕塑化处理、延伸化处理等。

图 2-13　喷泉、座椅、照明系统的整体设计

【点评】广场照明系统的多样化设计，不仅满足了广场的照明需求，照亮旱喷泉的地埋灯、照亮座椅及树池边缘的线状藏灯等各种照明工具的灵活使用也为其他景观照明设计提供了借鉴。

2. 景观小品的内容及其设计方法

景观小品的内容按照功能可以分为 6 类：休憩小品，如休闲座椅；装饰小品，如雕塑；综合小品，如花架；展示小品，如标识牌；服务小品，如垃圾箱、报亭；照明小品，如照明灯具。下面将结合实例介绍景观小品的内容及其设计方法。

（1）休闲座椅。休闲桌椅为人们提供了交谈、休憩、观景、娱乐的场地，通常布置在湖畔、草坪、路边、树下等位置。休闲座椅的设计要求外形美观、形式多样、构造简单，同时要考虑在色彩、质地等方面与整体环境相协调，一般使用木材、石材、混凝土、金属等材料（见图 2-14）。

图 2-14　悉尼皮特商业街的休闲座椅

【点评】悉尼皮特商业街的街道家具由座椅与树木组合构成。黑色花岗岩基座、喷砂青铜框架和木材板面等传统的材料组成了座椅群。树木则引入了外来树种中国榆树，到了冬季，树叶落下，午后直接洒下的阳光便可供路人尽情享受。

（2）雕塑。雕塑在景观环境中能够丰富景观层次，突出主题，起到点景的作用。雕塑按其内容可以分为纪念性雕塑、装饰性雕塑、主题性雕塑、陈列性雕塑。雕塑可使用的材料范围极广，既可使用木、石等自然材料，也可使用玻璃、金属等工业材料。

（3）花架。花架（见图2-15）是极具综合性的景观小品，它既可以作为单独的景观用来装饰，也可以呈带状分布，发挥建筑空间的脉络作用。此外，花架还可以为植物提供生长、攀爬的空间，创造出景观小品与植物融合的景色。花架按其结构形式可以分为悬挑花架、双柱花架、多柱花架。

（4）标识牌。标识牌是信息服务设施中的重要组成部分，可以起到引导路线、营造文化氛围的作用。标识牌应具有特殊的艺术表现形式，并表现出人性关怀。

（5）垃圾箱。垃圾箱是景观环境中不可缺少的卫生设施，巧妙地加以设计也可以成为景观空间中的点缀。景观设计师应当根据使用的频率、容量的大小、待收纳垃圾的类型，考量它的造型和放置地点。

图2-15　花架

【点评】广场周围的花架在阳光下显现出斑驳的光影效果，花架上的座椅可以供人休息、纳凉。花架还完美地遮蔽了外部的车道，减少了外部的噪声，保证了空间内部的私密性。

（6）照明灯具。照明灯具不仅具有照明功能，还具有一定的观赏价值，是景观中重要的一部分。尤其是到了晚上，其色彩、质感、造型与整个景观环境相协调，能够烘托景观环境的气氛（见图2-16）。

图2-16　不同高度的照明灯具照射下的夜景

【点评】广场灯一般有3种高度：10米、8米、6米。广场灯在提供照明功能的同时，将广场点缀为极富浪漫气息的公共空间。它们高低错落，层层叠叠的灯光照亮了夜晚的广场，丰富了景观的层次，为广场增添了一种独特的梦幻氛围。

2.2 景观设计的类型

城市是由各类建筑和开放空间组成的空间综合体。其中，城市景观是城市开放空间的重要组成部分，在城市生态系统中发挥着不可替代的功能和作用。城市开放空间可分为两类：一类是城市外缘的自然土地；另一类则是城市内可供居民进行个人或团体活动的户外区域。城市开放空间既包括城市外围或建成区内的园林植被、河湖水系等自然生态场所，也包括道路、广场、公园、滨水空间等未被封闭的公共空间。

富有前瞻性的规划在很大程度上会保留足够大的城市开放空间——公园、广场、滨水空间等供公众使用，但这还不足以创造出富有活力的城市活动场所。优秀的景观设计师会考虑场地特性以及公众需求，通过合理的设计使开放空间能够为居民提供更好的服务。例如，美国纽约于 1873 年开放的中央公园，至今仍然是最受外地游客和本地居民欢迎的城市公园。纽约中央公园对所有人敞开了大门，在城市的社会经济福祉中发挥着举足轻重的作用。

优秀的城市开放空间景观设计应符合以下 4 个标准：①是一个充满活力的聚会场所，能够为游客提供许多不同的方式来享受空间；②在日常生活中被频繁使用，并在全年范围内充当广大游客的目的地；③对周围环境产生积极的经济影响，并促进较大区域内的社会和经济发展；④提供可在其他区域中使用的经验、教训、策略和技巧。

威廉·怀特在《小城市空间的社会生活》一书中指出："一个好的广场始于街角。如果它是一个繁忙的角落，活跃的社交生活将在这里产生。人们不会仅仅因为红绿灯的变化站在那里，而是会流连于一段谈话，或是一段漫长的告别。如果拐角处有商铺，人们会聚集在它的周围，并且在广场和角落之间会出现相当大的双向流量。"换句话说，开放空间具有开放性，它不是面向内部的，而是通过吸引人流来拥抱邻里，让人们从在一个空间中的活动过渡到另一个空间，进而提高周边居民的生活质量，产生社会价值。

景观设计分为居住区景观设计、广场景观设计、城市公园景观设计和滨水景观设计。

2.2.1 居住区景观设计

1. 居住区景观的功能

居住区景观设计包括对环境中自然状况的研究和利用，对空间关系的处理，与居住区整体风格的融合和协调，使空间既有功能意义，又能兼顾视觉和心理感受。

居住区景观的功能主要表现为满足人车集散、社会交往、居民活动等需求，为居民提供方便和舒适的小空间，使居住环境充满休闲、舒适的氛围。在居住区景观设计的过程中，既要注意整体性、实用性、艺术性、趣味性的结合，也要满足居民对户外场所的需求，注重动态休闲空间与静态休闲空间的搭配，组织好公共场所与私密场所，注重立体化空间设计。

居住区景观设计必须呼应居住区的整体风格，其中的硬质景观、软质景观和植物要相互协调（见图 2-17）。不同居住区的设计风格会产生不同的景观配置效果。例如，都市风格的居住区适宜采用现代景观设计手法，地方风格的居住区则应当采用具有地方特色和民族文化的景观设计手法。同时居住区景观设计应适当组织空间的开放性和私密性，如为居民服务的公共空间应体现开阔、舒适的氛围，在较为私密的住户空间应体现幽静、温馨的氛围。

图 2-17　曼谷居住区建筑立面

【点评】沿着建筑立面设置格栅状金属板，方便在曼谷潮湿、闷热的气候中生长得十分迅速的山牵牛向上攀爬。金属隔板的造型极富现代感，与立面的支架完美契合，达到一种视觉上的延伸与融合。

2. 居住区景观设计要素

居住区景观设计要素可以分为自然要素、人工要素和文化要素 3 个类型。自然要素指地形、水体、植被、土壤等；人工要素指建筑物、居住区道路、服务设施、居住区停车场等；文化要素主要指民族特色、地方风俗、宗教信仰、历史文化等。

位于阿姆斯特丹的居住区绿地（见图 2-18）使居民们能够在小区中自由自在地散步。

图 2-18　居住区绿地

【点评】五边形的深浅不一的地面铺装以随机的方式拼接成渔网般的联通道路；充满春意的水仙花和刺槐等美丽的植物种植在绿地中，点缀着居住区；富有独特装饰意味的道路将绿地分割开来，在方便居民们活动的同时也装饰了这一开放空间，使其焕发生机。

在现代居住区景观中，人与景观空间之间凸显了有机的结合，从而构建出全新的空间网络。在亲地空间，增加居民接触自然地面的机会，创造适合各类人群活动的室外场地。在亲水空间，充分体现水体在空间中的内涵，体现出东方的“理水”文化，营造亲水、观水、戏水的场地。在亲绿空间，使硬质景观和软质景观有机结合，充分利用边角地带，营造充满活力和自然情调的绿色空间。在亲子空间，充分考虑儿童活动的场地和设施，培养儿童的爱心、合作和冒险精神。

2.2.2 广场景观设计

1. 广场的含义

由于室内场地无法承载大规模的活动，同时空间的封闭性也对人群的流动产生了影响，于是，场地开阔、环境优美、阳光充足、功能齐全的室外空间成了人们开展大规模活动的首选。广场指能够将人群吸引到一起进行多种综合性活动的城市空间形式。它大多位于一些高度城市化区域的核心地带，被有意识地作为活动的焦点，具有可组织集会、供交通集散、组织民众游览和休息、组织居民开展社会活动等功能。

广场是城市中最早利用的一种开放空间形式，是为满足多种城市社会生活需要而建设的，由周围的建筑、道路、山水、地形等围合而成，是室内活动场所的延伸，也是市民交往的城市“起居室”。

青岛的五四广场因五四运动而得名，建于1997年。广场北靠青岛市人民政府办公大楼，南临浮山湾。广场上有大型草坪、音乐喷泉、标志性雕塑“五月的风”（见图 2-19），对面的海中有水中喷泉。广场植物配植以四季常绿的冷季型草坪为主，以小龙柏、丰花月季等组合成图案，松柏、合欢、耐冬等花木点缀其中，与主体雕塑融为一体。这是青岛的标志性景观之一。

图 2-19　五四广场标志性雕塑“五月的风”

【点评】雕塑以单纯、洗练的造型元素排列组合成螺旋上升的“风”之造型，火红的色彩隐喻了张扬腾升的民族力量。

在人类的整个历史进程中，不管是东方还是西方，只要有人类聚居就会有广场。世界各地的每一个广场都以其独特的景观特色成为城市的窗口，并以其开放的空间满足了人们进行交流、聚会、娱乐、休息、锻炼等多种综合性活动的需求，对城市人性化的发展起到了积极作用，被誉为“城市中的起居室”。

2. 城市广场的类型及特点

城市广场按其性质、用途及在道路网中的地位可分为市政广场、纪念广场、公众休闲活动广场、交通集散广场、商业广场、综合广场6类。有些广场兼有多种功能。

（1）市政广场。这类广场一般是政治性广场，用于举行庆典、检阅、政治集会、节日庆祝联欢等，一般位于城市的中心地段，面积较大，能容纳较多的人。广场周围常设有石阶或围栏，以突出庄严、隆重的气氛。通常设置在有干道联通的地方，便于交通集中和疏散。常见的市政广场有北京天安门广场、俄罗斯莫斯科红场（见图2-20）。

图2-20　俄罗斯莫斯科红场

【点评】红场原名托尔格，意为集市，1662年改为现名。在古俄语里“红色”一词还有“美丽”的意思，红场即美丽的广场。

（2）纪念广场。纪念广场是为纪念某一特定历史事件或人物而修建的广场。这类广场中心以雕塑、纪念碑、建筑作为标志物。广场本身是标志物基座的一部分，二者纹理风格统一、互相呼应。例如唐山抗震纪念碑广场（见图2-21），广场中高高耸立的正是唐山抗震纪念碑。

图2-21　唐山抗震纪念碑广场

【点评】此广场在设计上注意使地面与纪念碑形成有机联系，整个设计都采用几何形体，就连花坛都是规整的矩形，突出了广场的肃穆、庄严。

（3）公众休闲活动广场。这一类广场主要用于为人们提供休憩、交流、游玩、演出、健身的场所。公众休闲活动广场（见图 2-22）不仅要设置花坛、水池、喷泉、雕塑等供人们欣赏，还要布置台阶、座椅供人们休息，更要体现一个城市的文化传统、风貌特征等。

图 2-22　公众休闲活动广场

【点评】这一处公众休闲活动广场尽管面积不大，但布局合理。下沉空间的水景区、远处的休息长廊与雕塑相映成趣，植物的布置也错落有致。

（4）交通集散广场（见图 2-23）。它是城市交通系统的重要组成部分，是重要的连接枢纽，一般位于各种建筑物前，有集散、交通、联系、过渡、停车的作用。这类广场主要包括站前广场和建筑物前的广场。站前广场是车站、码头、航空港附近的广场；建筑物前的广场是体育场、影剧院、饭店、商场等建筑物周围的广场。交通集散广场在设计时特别注意人流的集散，注重保障行人安全和车流畅通，并能提供相应的交通设施（如天桥或地下通道）和服务设施（如停车场、餐厅等）。广场上还适当地布置有绿化带。设计合理、新颖的交通集散广场可以提升城市形象。

（5）商业广场。这类广场是城市重要的商业区和商业街，是人们进行商业活动的场所。现代的商业广场通常将室内商场与露天、半露天的市场相连，采用步行街的设计形式，使商业活动更集中。随着城市商业街大型化、综合化、步行化的趋势，商业广场大多设有完善的休息设施和宜人的绿化带，有的商业广场还设有趣味雕塑。例如著名的广州白云万达广场（见图 2-24），集商业中心、酒店、步行街等多种业态于一体。

图 2-23　交通集散广场

【点评】有的交通集散广场还设有主题雕塑和休息区，前者装点了城市，后者为人们提供了休息空间。

图 2-24　广州白云万达广场

【点评】商业广场因为具有较大的客流量，道路一般设计得较简单，容易引导、疏散人群。因为商业广场具有商业性质，常常有商业活动在广场内举行。

（6）综合广场。这类广场往往具有多种功能，它可能是商业广场，也是交通集散广场；它可能是市政广场，也是纪念广场、公众休闲活动广场。例如五四广场既是市政广场，也是纪念广场。因此在界定广场的类型时，一般要依据其主要功能进行。

城市广场一般具备 4 个特点：①广场有明确、清楚的边界，通过建筑的外墙或地面铺装等使广场形成有别于周围景观个性的"图形"；②空间领域明确；③广场既能与周边建筑或交通相贯通，又能独立形成空间，有一定的封闭性；④广场要突出个性化原则，也要与周围的环境相协调。

在当今社会，人们日常生活中的娱乐、聚会、文化交流等的形式明显增多，这就要求广场的功能、信息量、容量、环境等方面也要与之相适应。同时，随着后工业时代的来临，人们对城市现代化所带来的副作用进行了全面的反思，这促使景观设计师在广场设计过程中，不仅要从城市文化、经济、环境等多方面对历史上的广场进行借鉴，也要对现今的社会生活状况、人性化发展等新问题进行宏观、全面的设想，以便为人们提供更多人性化、便利、舒适、优美的城市广场景观空间。

2.2.3　城市公园景观设计

1. 城市公园概述

城市公园一般指政府修建并经营的作为自然观赏区和供公众游玩、观景、休憩、锻炼身体、开展科学文化活动，有较完善的设施和良好的绿化环境的公共绿地。

城市公园有助于保持公众的身心健康，既为公众提供了防灾、避难的场地，也为公众进行娱乐、休憩、观景活动提供了优美舒适的场所，还美化了城市面貌，改善了城市的生态环境。

2. 城市公园的构成要素及类型

城市公园的构成要素主要有地形、道路、水体、植物等。其中，地形的设计应因地制宜、顺其自然，根据场所的地貌组织景观空间（见图 2-25），改善植物和建筑物所处的环境，解决局部排水问题。城市公园中的道路无论是主路还是辅路，都应主次分明、疏密得当，以满足交通需求为主、游览需求为辅。水体的设计应当按照系统完整、曲折有致的原则布置。植物则要满足人的观赏需求和生态需求。

图 2-25　超线性公园的景观空间划分

【点评】3 个色彩鲜明的区域分别有着自己独特的氛围和功能，红色区域为相邻的体育大厅提供了延伸的文化体育活动空间，黑色区域是当地居民天然的聚会场所，绿色区域提供了大型体育活动用地。这 3 个区域形成有趣的结合体，使当地居民可以获得不同的体验。

城市公园的类型主要有街区公园、城市小游园、组团绿地、口袋公园等。城市公园应满足一定的日照要求，场地尺寸应适于安置游玩、休憩所用的公共设施（见图 2-26），设计应以简洁、实用为主要原则，避免过于繁复而影响市民的正常使用。

图 2-26 波士顿邮政广场中的公园

【点评】大草坪设置在公园阳光最好的位置，这里开阔的视野吸引了非常多的游客，同时宽敞的场地一侧爬满藤蔓的长廊，又提供了纳凉的场地。

口袋公园一般指规模很小的城市开放空间，常呈斑块状散落或隐藏在城市空间中，面积多在 1 万平方米以下。口袋公园是为满足高密度城市中心区的人们对休憩环境的需求而产生的，具有选址灵活、面积小、分布离散的特点，能见缝插针地大量出现在城市中，为当地居民服务（见图 2-27）。城市中的各种小型绿地、小公园、街心花园、社区小型运动场所等都是常见的口袋公园。在不同国家，口袋公园又被称为迷你公园、绿亩公园、袖珍公园、小型公园、贴身公园等。

图 2-27 佩雷公园

【点评】整个公园的地面高出人行道，将园内空间与繁忙的人行道分开，为喧哗的城市提供了一个安静的城市绿洲。公园的背景是一个 6 米高的水幕墙瀑布，瀑布制造出的流水声，掩盖了城市的喧嚣。到了晚上，瀑布还能射出多彩的灯光，引人注目，成为整个公园的亮点。

2.2.4 滨水景观设计

1. 滨水景观的设计原则

从城市的发展历史来看，城市历史文化与水息息相关。滨水景观是城市开放空间的重要组成部分，它在提升城市环境质量、丰富城市景观层次和促进社会经济发展等方面发挥着极为重要的作用。作为展示城市面貌的窗口，滨水景观以舒适宜人的环境，陶冶着市民的情操。

滨水景观在设计时应遵循以下 3 个原则。

（1）合理划分功能片区。在尊重原有生态肌理的前提下，根据场地特征、环境状况、水线边缘、交通方式、游客容量、设计主题等，因地制宜地划分功能片区。

（2）有效利用基地高差。滨水景观中的基地高差，一方面能够丰富景观层次，另一方面也有助于防洪和灌溉。有效利用基地高差，布置亲水平台、自然植被等，既能体现节奏与韵律的变化，又能增加滨水景观的立体感。

（3）有机结合滨水景观与生态环境。保护生态环境是城市景观可持续发展的基础，在设计滨水景观时也要以保护生态环境为基础，寻求将滨水景观与生态环境相结合的设计手法，兼顾生态效益与景观效益，使二者在整个滨水景观的设计中相互作用、相得益彰（见图 2-28）。滨水景观与生态的结合，可以通过构建湿地植物群落，净化水系统，形成良好的生态循环系统。

图 2-28 张家港小城河改造

【点评】小城河的改造规范了周边区域的雨污水排放，并拆除了河道上的附着物，实施了河道清淤清障工程，恢复了小城河原有的生态系统，提升了老城区排洪蓄洪的能力，构建了宜居的滨水生态环境。

（4）丰富植物配植。层次分明、错落有致、丰富多彩的植物配植，能够营造优美、空气清新的环境，满足娱乐、交流、休憩等多种需求。植物的配植需要因地制宜，也要考虑四季的变化，搭配出疏密有致、高低错落、四季皆宜的植物景观。

（5）传承本地传统文化。在传承本地传统文化的基础上，适当结合现代滨水景观设计理论（见图 2-29），能够在传承本地传统文化的同时，促进城市的文化发展，同时带动城市经济繁荣。

图 2-29　中式韵味线条的运用

【点评】整个滨水景观设计摒弃了烦琐的元素，采用中式的曲线线条和地面铺装纹理，配合缓缓流动的湖水，营造出小桥流水的中式意境，其所传达的中式精神远远多于景观中的中式元素。

2. 滨水景观的作用

滨水景观是城市中不可多得的资源和风景，它体现了城市景观的特点，同时影响着城市景观的发展方向。滨水景观作为城市的“绿肺”，为生活在“钢筋水泥”中的人们提供了亲近自然的机会。

滨水景观充分结合了自然环境与人文环境，增强了城市空间的开放性、可达性、亲水性、连续性、文化性，展示了城市的文化内涵和品位。其作用有以下 4 个方面。

第一，塑造水域空间的开放性。滨水景观是城市的公共游览场所，为人们提供了良好的亲水空间。

第二，增强滨水景观的亲水性和可达性。滨水景观的重要作用之一是服务公众，满足其日常休憩与休闲等需求，可达性差和尺度的失衡会导致人们对公共空间的参与性降低。所以，滨水景观设计应当重视和增强滨水景观的亲水性和可达性，促进人们与自然之间的良好交流（见图 2-30）。

图 2-30 曼哈顿滨水公园沿线

【点评】滨水公园顺着城市的河岸布置，让人们可以轻松地从城市中的各个地方来到滨水公园，曲线形的巨型景观犹如繁华都市中的一条丝带，穿梭在水域与高楼大厦之间。

第三，打造良好的交通连续性。良好的交通连续性是人们进行娱乐活动的重要保障。这既可以保证人们观赏到丰富的滨水景观，也能增进人们之间的交流。

第四，彰显滨水景观的文化性。滨水景观对城市特色文化具有非常重要的展示和传承作用。在设计时应重视传统文化的推广，将本地传统文化与现代设计相结合，使人们在游憩的同时获得视觉与精神上的双重享受。

复习思考题

1. 试着谈谈日常生活中常见的景观设计要素并说说自己的看法。

2. 你最喜欢本章展示的哪一个景观设计作品？为什么？

3. 不同的景观设计类型都有什么人文意义？

课堂实训

1. 用自己的话概括地面铺装的作用。

2. 查阅相关资料，选出自己心仪的滨水景观案例并进行讲评。

第 3 章 生态景观保护——设计与修复、改造与再生

学习要点及目标

- 认识景观的功能，理解生态景观的概念。
- 了解生态设计的概念以及原则。
- 探究生态景观改造与再生的模式。

核心概念

生态景观　　生态保护　　改造与再生

城市作为高密度的人类聚居地，人类活动与生态环境的矛盾尤为突出。在我国，随着 20 世纪 80 年代以来城市化进程的加速，工业污染等生态破坏现象也由城市逐步扩散至周边的农村。解决城市化地区的环境保护问题，显得越来越迫切。日益严重的大气污染、酸雨、水资源枯竭等一系列生态失衡问题,都要求我们从城市与区域生态环境的协调发展方面去认真考虑解决问题的途径。其中，很重要的途径之一，就是城乡人居环境绿色空间的保护与发展。

未来生态景观保护设计的发展趋势是去风格化,迎来“六感之美”的时代。“六感”即眼睛所见、鼻息所闻、嘴巴所尝、身体所接触、耳朵所听、内心所感受。“六感之美”是目前国际上先进而全面的空间体验，它的要求就是让这 6 种感受达到和谐完美的统一。

景观的功能性是必要的，但是现在我们对功能性的理解已与过去有所不同。过去，我们认为景观要让人能够坐下来，或者让人能够走动，能够赏花、观鸟；现在，除了要给人带来“六感之美”以外，景观还要讲求人性化的互动以及对生态环境的保护。

引导案例

这是一个关于河流生态恢复与重建的案例，一个以防洪为单一目的的硬化河道被最经济的途径恢复、重建为充满生机的现代生态与文化休憩地。

浙江永宁江孕育了台州黄岩的自然与人文特色，流域内堪称山灵水秀，鱼米丰饶。然而，近几十年来，人们并没有善待这条河。人为的干扰，特别是河道硬化和渠化等工程，导致河流动力过程改变和恶化，河流形态改变，水质污染严重，两岸植被和生物栖息地被破坏，休闲价值被破坏。如何延续永宁江的自然与人文特色，让生态服务功能与历史文化的信息继续随河水流淌，是永宁公园的主要设计目标。

永宁公园方案提出六大景观战略，核心思想是用现代生态设计理念来形成一个自然的“野”的基底，然后在此基底上体现人文的“图”。基底是大量的、原始的，因为自然过程而存在并提供自然的服务；“图”是少量的、精致的，因为人的体验和对自然服务的接受而存在。以下为六大景观战略的具体内容。

（1）保护和恢复河流的自然形态，停止河道渠化工程。

（2）一个内河湿地，形成生态化的旱涝调节系统和乡土生境系统。

（3）一个由大量乡土物种构成的景观基底。

（4）水杉方阵——平凡的纪念。

（5）景观盒，由最少量的设计建成（见图 3-1、图 3-2）。

（6）延续城市的道路肌理，最便捷地实现公园的服务功能。

图 3-1　永宁公园的景观盒（1）

图 3-2　永宁公园的景观盒（2）

【点评】永宁公园大量应用乡土植物。公园各处的景观盒设计，利用图与基底的关系使现代人文与自然生态环境相结合。在短短的 1 年多时间内，公园便呈现出生机勃勃的景象。

永宁公园作为生态基础设施的一个重要节点和示范地，其生态服务功能在以下 3 个方面得到了充分的体现。

（1）自然过程的保护和恢复。长达 2 千米的永宁江沿岸恢复了自然形态，沿岸湿地系统得到了恢复和完善，形成了一个内河湿地系统，对流域的防洪、滞洪起到了积极作用。

（2）生物过程的保护和促进。保留滨水带的芦苇、菖蒲等种群，大量应用乡土物种进行河堤的防护，在滨江地带形成了多样化的生境系统。整个公园的绿地面积达到 75%，初步形成了物种丰富多样的生物群落（见图 3-3）。

图 3-3　永宁公园现代生态设计

【点评】永宁公园的设计充分体现了生态环境建设理念，使昔日的一个以防洪为单一目的的水泥硬化河道成为充满生机的现代生态与文化休憩地，被誉为“漂浮的花园”。

（3）人文过程。永宁公园为使用者提供了一个富有特色的休闲环境。无论是在江滨的芒草丛中，还是在横跨内河湿地的栈桥之上，或是在野草掩映的景观盒中，我们都可以看到青年男女、老人和小孩在快乐地享受着公园的美景和自然的服务。远山上被引入公园的美术馆里，黄岩的历史和故事不经意间在公园的使用者中传颂着、解释着，对家乡的归属感和认同感由此而生；不曾被注意的乡土野草突然间显示出无穷的魅力，一种关于自然和环境的新的理念——爱护脚下的每一株野草，它们是美的，犹如润物无声的春风细雨在使用者的心中孕育。借着共同的自然和乡土的事与物，人和人之间的交流也在这里发生。

3.1 生态景观的设计与修复

生态景观的概念也许正是具有生态功能的景观的恰当注脚，它提供了一个完整的框架，包含了通过创造城市生态系统来保护自然的诸多方面。这些生态景观在城市内部及周边区域为自然环境提供了多种生态系统服务功能。

3.1.1 什么是生态设计

从公园和保护区，到建筑和街道，设计中的生态理念可以作为一种新的基础设施融入我们的建设环境。生态设计的目的在于改善生态功能，保护和创造可供人类使用的资源，并促进形成一种更有弹性的方法来设计和管理我们的建设环境。总之，作为一个互动的方法和过程，生态设计运用适当的现代科学理论，在包括人类与非人类的社区和系统中形成具有应变性的可持续的环境。

因此，我们可以说，生态设计是一个积极塑造复杂环境形式和运行方式的过程，并在这样一种组织的过程中（如果可能）协助维持并增强一个区域的生态关系的完整性。

从生态学的角度来看，尽管不同地区的生态形式和功能不同，但生态景观概念能够为维护和改善一个地区的生态关系的完整性和多样性提供一些指引。

我们提倡生态设计的目的是保护和创造能够使生命形式具有弹性应对力的结构和过程，以提高物种多样性并改善人类和非人类社区的健康状况。

在21世纪，生态设计具有更重要的意义和更广泛的思考范畴。越来越多的证据表明，人类引起的气候变化已引发了一种全球性的认识和关注，即对脆弱的人类、敏感的物种造成的即将到来的影响和世界范围内的环境质量恶化。正如我们所论述的，城市生态设计有助于通过创造更适宜居住并具有生态弹性的城市来减缓和适应这些变化，弱化人类和本土其他生物的压力，同时减少每个人对生态环境的影响。因此，新时代的生态设计实践应重点关注城市环境，包括社会和环境状况。这些概念的实际运用强调景观的形式和设计过程应作为城市基础设施的一部分而发挥作用。这样看来，基础设施不必局限于街道和地下管道，而应包括从保护和恢复城市森林、维护开放空间、合并闭环水文系统、提供对环境产生较小影响的替代交通设施中获得的收益。经过合理设计的场所应可以为城市和地区提供有效的生态、社会和经济服务。国际范围内推崇的城市自行车网络、公园、洁净用水、动植物的栖息地，以及收集和循环利用废水并将其转化为饮用水的系统，是现今全球生态热潮的最好例证。

法国某自然公园立足于一片农场和一片工业砂石场之上（见图3-4）。公园的设计主要专注于3个元素：地面、水、人类活动。通过优美的环境将这3个元素天衣无缝地融合在一起。该公园的设计理念是以人工方式建立生物多样性和最大人群介入使用之间的平衡。

图 3-4 法国某自然公园鸟瞰图

【点评】山地景观，湖面，微地形，丰富的植被景观，大型大地艺术，通往水面的自然驳岸等，让置身公园的游客体验丰富，也为生物多样性提供了发展条件。

3.1.2 生态设计的原则

在城市化的环境中，生态设计的原则关注于将绿色基础设施融入城市设计，绿色基础设施仿生式地模仿自然过程，为城市环境和自然环境提供了生态系统服务。主要的生态系统服务包括水质改善、雨水资源收集利用与管理、防洪排涝、为水生态系统提供缓冲、抵抗集水区的城市化与气候变迁带来的负面影响、调节城市微观气候环境。

1. 自然式设计原则

自然式设计原则，即在所属环境中因地制宜，利用现有条件进行改造，使设计切合当地的自然条件并反映环境的特色，调节生态环境，充分发挥绿植等的多种功能，突出“回归自然”的主题。充分发挥自然景观的主格调作用，要求注重资源保护和自然生态平衡，以保护为基础，以开发促保护，在环境开发上更注意协调开发与保护的关系，实现景观资源的可持续利用。

上海世博后滩湿地公园（见图 3-5）为上海世博园的核心绿地景观之一，位于 2010 上海世博园区的西端，地处上海大都市圈核心区，西靠黄浦江，北接世博公园及卢浦大桥，南邻密集社区群，东面是上海后滩房车文化园。场地是钢铁厂和造船厂的工业废弃用地，紧邻黄浦江。上海世博后滩湿地公园被改造为再生的景观——人工湿地，并具有防洪功能，充分利用了恢复性的设计策略处理受污染的河水，并形成美丽的河滨景观。

公园的景观设计师倡导足下文化与野草之美这一环境理念与新美学思想，用现代景观设计手法，展现了场地的 4 层历史与文明属性：黄浦江滩的回归、农业文明的回味、工业文明的记忆和后工业生态文明的展望。公园保留并改善了场地中黄浦江边的原有 4 公顷江滩湿地（见图 3-6），在此基础上对原沿江水泥护岸和码头进行了生态化改造，恢复了自然植被。同时，整个公园的植被选用适于江滩环境的乡土物种，芦笛翻飞，乌桕成林，更有群鱼游憩，白鹭照水，一派生机勃勃，实现了“黄浦江滩的回归”。最终在曾经垃圾遍地、污染严重的工业废弃用地上，建成了具有水体净化和雨洪调蓄、生物生产、生物多样性保育和审美启智等综合生态服务功能的城市公园。

图 3-5　上海世博后滩湿地公园俯瞰图

【点评】从高空俯瞰，上海世博后滩湿地公园就像一把巨型的绿扇，抬升的扇形基地是折扇的扇面，依风向走势而特意设置的乔木引风林为扇骨，整个公园缓缓沿黄浦江面升起并展开，如同中国传统折扇优雅地在微风中打开，在雅致的扇骨下呈现出立体的扇面。

作为工业时代对生态文明的展望和实验，公园的核心是一个带状、具有净水功能的人工湿地系统。它将来自黄浦江的劣Ⅴ类水，通过沉淀池、叠瀑墙、梯田、不同深度和不同群落的湿地净化区，而成为Ⅲ类净水，日净化量为每天 2400 立方米。净化后的Ⅲ类水不仅可以为世博公园提供水景循环用水，还能满足世博公园与世博后滩湿地公园自身的绿化灌溉及道路冲洗等需要。通过生态设计，上海世博后滩湿地公园实现了生态化的城市防洪和雨水管理，实现了低成本维护，为解决当下的环境问题提供了一个可以借鉴的低碳城市样板。

图 3-6　上海世博后滩湿地公园江滩湿地

【点评】上海世博后滩湿地公园在江滩的自然基底上，选用江南四季作物，并运用梯田营造技术和灌溉技术解决高差问题、满足蓄水和净水的需求，打造都市田园。春天菜花流金，夏时葵花照耀，秋季稻菽飘香，冬日紫云英铺地，无不唤起大都市对乡土农业文明的回味，使土地的生产功能得以展示，并重建都市中人与土地的联系。

2. 保护性设计原则

保护性设计原则，即通过植物群落设计和地形起伏处理，从形式上表现自然，立足于将自然引入城市的人工环境，以保护现有的生态环境。

在现代生活中，海平面的不断上升以及极端气候事件发生频率的不断提高，给景观设计师的设计理念带来了相当大的挑战。例如，热带气旋、龙卷风、爆发性温带气旋、低温、风暴潮、海冰等极端气候事件会严重影响公共景观空间的安全使用。在极端气候以及频繁的日常公共使用的影响下，创建出可应对复杂的气候变化且能焕发生机的城市公共景观空间变得尤为重要。

哈德逊河公园第五段景观区（以下简称“第五段景观区”）在飓风“桑迪”的侵袭下，被咸水淹没，但基本未被损坏。享誉盛名的它位于园区稀少的切尔西区，这里资源丰富，空间开阔，是体现人与自然和谐相处的绝佳之地，是一处真正意义上具有丰富的绿化资源的城市公共空间。除此之外，该景观区将创新性工程技术与多样化的用途和景观类型融为一体，更是经得住飓风等气候变化的考验，可谓城市公共景观空间的一个典范。

第五段景观区项目的占地规模大于西区高速公路的西面标准占地。原先的两个靠船墩成为项目场地的边界，城市脉络与哈德逊河的美景融为一体。在项目场地的中央，原先的一个靠船墩被移除，取而代之的是一个宽阔的草坪空间，为曼哈顿下城区营造出一处罕见的广袤河景观赏场所（见图 3-7）。占地 3 英亩（1 英亩≈ 4046.86 平方米）的中央草坪是理想的运动场所、大型户外瑜伽训练场所，也是民众日常散步的好去处。一处引人注目且地貌独特的草坡将宁谧的中央草坪与喧嚣的西区高速公路有效隔离，并从视觉上划分出毗邻的一系列小型公共活动区域，包括自行车专用车道、雕塑花园、旋转体游乐空间及一个滑板公园（见图 3-8）。

采用 EPS 环保泡沫及轻质填埋材料堆砌的人工草坡，最大限度地减轻了码头甲板的载荷，并且在这些材料的表层覆盖了充足的土壤，以确保草坡在汛期的稳定性。草坡的植被与坡度向着隐约可见的滑板公园处逐渐减少和趋缓。第五段景观区的有效改造，着实为当地民众提供了一处愉悦身心、舒适惬意的滨水公共空间，且其特色草坡景观区在同类项目中实属罕见，其创新意义影响深远。成排的树木和灌木丛形成了草坡景观区的天然边界，从河对岸远眺，此地俨然成为一道迷人的河岸风景线。

图 3-7　全新靠船墩

【点评】景观设计师与他们的海洋工程师特邀顾问进行通力协作，共同修复了长达 250 英尺（1 英尺≈ 0.30 米）的古旧海堤，并对靠船墩设施进行了相应的结构改造。全新的靠船墩在坚固的挡泥板设计系统的保护下，可有效防御浮冰、水生残片和失控船只的撞击等造成的不良影响。在广阔的哈德逊河水域的映衬下，草坡景观区更显闲适，人们在这里或嬉戏玩耍，或悠闲赏景。

图 3-8　滑板公园

【点评】占地 15000 平方英尺（1 平方英尺≈ 0.09 平方米）的滑板公园是纽约极具挑战性的运动场所，吸引着全城游客前往体验。第五段景观区中设有各种不同类型的户外活动场地，可以满足其周边不同居民的多样化需求，这也是该项目创新设计的典范之一。

3.1.3　生态景观的修复方法

1. 保护生物多样性

生物多样性的重要性在于它能够提升一个生态系统的恢复力，使生态系统在维持自身核心功能和特点的同时对变化做出反应并适应变化。物种越丰富，生态系统对环境变化的适应能力就越强，生物多样性的降低会使生态系统变得不健康且脆弱，所以保护生物多样性至关重要。此外，生物多样性将多种功能分布于不同的物种中，以缓解被其他生物所依赖的物种的数量减少的压力。例如，一种传粉生物的消失对一个生态系统中种子和果实的产量有重要的影响，一段时间以后，那些依赖传粉生物的物种的繁殖能力将减弱，从而严重影响整个生态系统的环境和结构。而一个生物多样性较高的生态系统可以由其他生物来弥补一种被依赖生物的缺失所产生的缺陷。

当气候变化带来的问题越加明显时，如很多地方气温升高、降雨量增加、干旱加剧，以及一些地方突发强风暴雨并随之产生洪水，都可能对居住环境和生态系统的生物组成产生长期的不利影响。如今，人们对生物多样性规划的重视程度正在全球范围内不断升高。

为什么要保护城市中的生物多样性？首先，这是对人类健康和福祉的保障。人类的存在和进化极大地依赖大自然并需要与大自然保持密切联系。生物学家威尔森在其理论中指出，人类对大自然有着明显的示好倾向性。他将这一行为定义为“生物自卫”。科学研究极具说服力地证明了与大自然接触的益处，包括疾病康复、精神健康、放松、集中精神、低犯罪率和良好的学习效果。如果人类想要获得这些益处并为地球生命奇迹感到惊叹，那么他们可以在自己的家园范围内与那些令人兴奋的多种多样的生物亲身接触。

此外，城市地区是被包含于一个它们所支撑的更大的生态系统、过程和生物圈中的。因此，城市地区经常在保持更广阔的生态系统的健康和生物多样性中起着关键作用。

波特兰珍珠区基址原为一片清泉滋润的湿

地，被坦纳河从中划分开来，与宽广的威拉麦狄河相邻。铁路站和工业区首先占用了这片土地，并伴有场地排水要求。在过去的几十年里，一个新的社区被逐步建成，它象征着年轻、综合、大都市和活力。今天的珍珠区已经成为商业和居住区域。而在珍珠区的繁华地带，一个崭新的城市公园——坦纳斯普林斯公园（见图 3-9、图 3-10）被建造出来了。

图 3-9　坦纳斯普林斯公园生态景观（1）

【点评】从公园附近的街区收集的雨水汇入由喷泉和自然净化系统组成的水景。从铁路轨道回收的旧材料被用于建造公园中的“艺术墙”，唤起人们对铁路的记忆，而波浪形的外观设计则能够给人以强烈的视觉冲击。

图 3-10　坦纳斯普林斯公园生态景观（2）

【点评】在这个繁华的市中心地带，生态系统得到了恢复，人们甚至可以看到鱼鹰潜入水中捕鱼。在甲板舞台上，人们可以尽情地开展各种文艺活动，孩子们可以在这里玩耍、探索自然奥秘，而另外一些人则可以在这片自然又优美的环境中充分享受大自然的芬芳，进行无限的冥想。

丰树商业城二期（见图 3-11）坐落于新加坡的西部，是一个以口岸和仓库为主要功能的工业区域。除了毗邻肯特岗公园以外，之前对该区域的开发未能将保护自然环境考虑充分。项目所在的场地曾完全被多层仓库建筑覆盖。由于新加坡的办公空间需求量不断上升，委托方决定将仓库拆除，并将其改造为现代化的办公场所，与前方已经建成的一期办公大楼相连接，使位于一期和二期中间宽阔的开放空间成为一个公共户外活动场所，同时以绿色植物覆盖建筑原先的坚硬表面。

图 3-11　丰树商业城二期

【点评】在对大面积绿色植被的管理中，景观设计师设置了一系列小丘，它们不仅能够抵御暴雨，还能够使较为平坦的地面变为富有动感的空间，以容纳各种各样的活动。不同尺寸和成长阶段的树木以较为随意的方式排布，形成了真正的森林形态。在森林的低处混合种植了当地的矮木和少量较高的灌木，形成枝繁叶茂的景象。多种花木、果树及灌木增强了该处作为蝴蝶、蜻蜓、鸟类和其他野生动物的栖居地的属性，最大限度地维持了生物多样性。

作为新加坡滨海中央商务区内最大的公共景观区域，“绿色之心”（见图 3-12、图 3-13）使人们的生活更加接近自然。标志性的百叶窗为整个区域塑造了动态的外观，大面积的绿化区在改善微气候的同时还提高了生物多样性。以亚洲常见的水稻梯田为灵感，由 4 栋建筑围合起来的中央地带呈现出多层次的立体效果，展现出热带风情的多样性，营造出一个全新的生态。“绿色之心”种植着超过 350 种植物，包括 700 棵树，另外还有多种动物在此栖居。

图 3-12　“绿色之心”鸟瞰图

图 3-13 “绿色之心”局部

【点评】“绿色之心”的设计参照热带雨林中植物的垂直分层，模拟了一个绿色的山谷，使其植物根据层级发生变化。建筑中的餐厅、咖啡厅、健身俱乐部、游泳池、超市、美食街以及位于户外平台的各种活动区域为居民和办公人员提供了社交与互动的场所。

2. 合理地管理雨水资源

雨水在城市的各个角落以面源的方式生成地表径流，因此十分适宜以分散的方式在城市中建造相关生态景观，实现多重积极效应，如净化城市雨水，保护并增强自然受纳水体环境的生态完整性（见图 3-14、图 3-15）。

图 3-14 雨水花园的雨水收集系统

【点评】地势较低的雨水花园处于后花园的树林中，这里有茂密的桦树、柳树、蕨类植物。水跌落到草坪低处的雨水花园休息区中并在此聚集，滋润着沼泽花园。暴雨时，多余的水将溢出，流入下方山沟。

图 3-15　波浪形草坪

【点评】由于坡地草坪会使雨水迅速流走，因此设计了波浪形草坪，不仅从形式上提供了不一样的空间感受，在功能上也延长了雨水下渗的时间。草坪及波浪的坡度可以进行调整，从而取得最佳渗透效果，避免积水或使雨水流速过快。

水敏型城市设计树立了对水资源的可持续性及环境保护都保持“敏感”的城市规划设计的新典范，早期在结合雨水管理的实践中诞生，现在已为城市的可持续水资源管理提供了更明晰的框架。其生态系统服务功能包括减少城市内涝，形成城市内的生态多样性走廊，固碳并清洁空气。不仅如此，由此产生的更好的城市绿色植被景观和更为清洁的城市河道还将潜移默化地增强公众的健康意识并带来积极的经济效益。由此可见，管理雨水资源和利用雨水资源，对构建生态景观尤为重要。

3. 有效地整治河道环境

湿地在蓄水、调节河川径流、补给地下水和维持区域水平衡中发挥着重要作用，是蓄水、防洪的天然“海绵”。湿地有巨大的渗透能力和蓄水能力，可以减少并滞后降水，削减并滞后洪峰，减少洪水径流，具有水库的功能。河道整治工程中的湿地被称为“地球之肾”，它具有强大的净化污水的能力，是自然环境中自净能力最强的生态系统之一。湿地水流速度缓慢，有利于沉积物沉降；在湿地中生长、生活着多种多样的植物、微生物；相同地域的湿地的净化能力是森林的 1.5 倍。因此，河道整治工程可以有效减少水中的污染物质，从而减少对周边农田灌溉用水和饮用水的污染。

河道整治具有控制土壤侵蚀的作用，其功能体现在两个方面：一是减少水土流失，保护农田用地不受洪灾侵害；二是减少水土流失造成的土壤肥力丧失。河道整治可大大改善长期以来河流被破坏带来的诸多问题，对保障两岸居民的正常生产和生活起着重要作用：冲滩塌岸现象将大大减少，有利于稳定滩涂，改善滩区的生产、生活条件，提高滩区的土地利用价值，使滩区及高岸的居民安居乐业，还有利于改善两岸各种大、中、小型提灌站的引水条件，保障两岸灌区和居民生活用水。

同时，河道整治也是城市生态保护的重要环节。

由于新加坡碧山宏茂桥公园（见图 3-16）需要翻新，公园旁边的加冷河混凝土河道也需要升级以满足由于城市化发展而增加的雨水径流的排放，因此这些需求被综合在一起，纳入此项重建工程。加冷河由笔直的混凝土河道被改造为蜿蜒的天然河道。这是第一个在热带地区利用土壤生物工程技术（植被、天然材料和土木工程技术的组合）来巩固河岸和防止土壤被侵蚀的工程。这些技术的应用还为动植物创造了栖息地。新的河流孕育了很多生物，公园里的生物多样性也提高了约 30%。公园和河流的动态整合，为碧山宏茂桥公园打造了一个全新的、独特的标识。崭新、美丽的软景河岸景观增强了人们对加冷河的归属感，使人们能够更加近距离地接触河流，开始享受河流的美并保护河流。

图 3-16　新加坡碧山宏茂桥公园

【点评】该公园位于新加坡一处成熟居民社区之中，附近居民是公园的常客。河流提高了人与自然的亲近程度，同时，人与水的亲密接触增强了他们对环境的责任意识。

最能彰显该创新项目的特色的就是在将混凝土河道改建成天然河道的同时，融入雨水管理设计。这为城市的发展提供了无限可能，比如管理河流和雨水、将自然与城市相结合、提供供市民休息、娱乐的场所等。城市曾被认为是大自然的对立面，而如今需要将二者融为一体。城市的韧性需要增强，因为气候变化容易导致洪灾，而干旱期则会极大地影响城市发展。这个创新项目的一体化概念能够帮助新加坡等城市更好地面对未来的挑战。它能够有效地对雨水进行处理，有助于净化市民的饮用水；能让植物和动物种群回归城市；还能够为市民创造更多娱乐休闲的场所，并为他们提供更多亲近大自然的机会。

六盘水市位于贵州西部云贵高原腹地，水城河发源于钟山区窑，流经市区，潜入三岔河，城区段绵延 13 千米，是水城盆地内地表水排泄的唯一通道。随着城市化发展进程的不断加快，渠化的驳岸使河道的洪涝调蓄与生态自净能力丧失殆尽，水环境不断恶化。垃圾堆积与污水排放，将昔日美丽的河流变得满目疮痍。贵州六盘水明湖国家湿地公园（见图 3-17）是对水城河生态景观环境的改造项目。该项目位于贵州六盘水市中心城区水城河畔，将河道生态改造、城市开放空间的系统整合与城市滨河用地价值的提升有机结合在一起，充分发挥了河道景观作为城市生态基础设施的综合性生态系统服务功能。

图 3-17　贵州六盘水明湖国家湿地公园

【点评】经过近 3 年的设计和施工建设，昔日被水泥禁锢且污染严重的城市“排水沟”，已然恢复为人们记忆中那碧波荡漾、流水潺潺的美丽景象。

在景观生态系统的宏观上，从流域与城市尺度进行规划。首先，恢复流域的雨洪调蓄与净化功能，将沿河径流、鱼塘、低洼地作为湿地纳入整个雨洪调蓄与净化系统，缓解城市内涝，回补河道景观用水，形成分级雨洪净化湿地。其次，恢复河道的自然驳岸，恢复河道的生态状况与自净能力，重现河道的生命力。再次，将城市休闲游憩与河道生态环境的建设相结合，建立连续的慢行网络，并改造断面形式，创造更多的亲水空间。最后，将滨河土地开发与河道整治相结合，以河道景观为契机引导城市内部更新，提升土地价值，增强城市活力，促进滨河景观与城市宜居环境协同发展。

在景观生态系统的微观上，依据总体规划的定位对具体河段进行设计。位于河道上游的 1 期工程由硬质河道的生态改造与湿地公园建设两个部分组成。河道充分利用滨河土地中有限的 15 ~ 20 米绿带空间及陡坎高差，建立滨河梯级景观带（见图 3-18），实现河岸的生态化改造。在湿地公园的设计中，结合场地高程及鱼塘肌理，构建梯级湿地系统，调蓄与净化从山区流出的溪水。

图 3-18　滨河梯级景观带

【点评】这一设计倡导野草之美与低碳景观，大量应用低维护成本的乡土植被。野花烂漫，水草繁茂，漫步其间，人们仿若又回到了昔日蜿蜒流淌的美丽的河流之畔。水域河将承载人与自然和谐相处的时代文明继续前行。

浦阳江项目通过以最低成本投入达到综合效益最大化的设计实践，为河道生态修复以及让河流重新回归城市生活提供了宝贵的实践经验。该设计运用海绵城市理念，通过增加一系列不同级别的滞留湿地来缓解洪水的压力。一方面，这大大减轻了河道及周边场地的洪涝压力；另一方面，这部分蓄存的水体资源也可以在旱季补充地下水，以及作为植被浇灌和景观环境用水。原本硬化的河道堤岸得到了生态化改造，经过改造的河堤长度超过 3400 米。硬化的堤面首先被破开并种植深根性的乔木和地被，废弃的混凝土块就地做抛石护坡，实现废物再利用（见图 3-19）。

图 3-19　硬化的河道堤岸得到了生态化改造

【点评】迎水面的平台和栈道均选用耐水冲刷和抗腐蚀的材料，包括彩色透水混凝土和部分石材。滨水栈道选用架空式构造设计，以尽量减少对河道发挥行洪功能的阻碍，同时又能满足两栖类生物的栖息和自由迁移。

如图 3-20 所示，该湖泊地处由冰川形成的山谷尾端，湿度或动植物种类的突然变化以及人为开发都会破坏这片脆弱的地貌。湖边满是密实的土壤和陡坡，几乎没有生物在这里生存，也没有值得一看的美景。为了改变这种情况，景观设计师对将近 1.5 千米的湖岸线进行了改造，向其中植入了约 20234 平方米的湿地，并根据水深不同，种下了莎草、芦苇、香蒲等湿地植物。湿地有过滤水源、控制腐蚀和沉降等作用，改造一完成，这里就成为野生动物的乐园。此外，水会流入很深的地下蓄水层，储存在砂层之间，不被外界污染，最终回到基地下方的相邻河流中。

景观设计师团队利用自然的方法设计了一个长期水处理和维护的计划，以保护周边流域和蓄水层。景观设计师团队清理了湖底沉积的淤泥，建立起一个臭氧曝气系统以减少细菌，促进水的流动并提高水体的含氧量。水的质量受到严密监控，每月都由专人对其含氧量、清澈度和化学成分进行测定。在景观设计师团队的努力下，湖泊获得了新生，彩虹倒映在水面，鲑鱼在其中游弋，湖泊在环境、娱乐、历史和视觉上的重要价值被充分挖掘出来。

图 3-20　获得新生的湖泊

【点评】原有的湖岸边缘土壤被压实，寸草难生。而为了改变这一状况，景观设计师团队重构了边缘。湖泊成为野生动物的栖息地，并为到访的游客提供了开展钓鱼、划船、游泳等休闲娱乐活动的场地。

4. 建设生态廊道

在景观生态学中，生态廊道指不同于周围景观基质的线状或带状景观设计要素，具有保护生物多样性、过滤污染物、防止水土流失、防风固沙、调控洪水等生态服务功能。生态廊道主要由植被、水体等生态性结构要素构成，它和“绿色廊道”表示的是同一个概念，城市中的道路、河流、各种绿化带等都属于生态廊道。

建设生态廊道是景观生态规划的重要方法，是解决当前人类过度活动造成的景观破碎化以及随之而来的众多环境问题的重要措施。

按照主要结构与功能，生态廊道可分为线状生态廊道、带状生态廊道和河流廊道 3 种类型。

（1）线状生态廊道，指沿小道、公路等长条带形成的绿色廊道。道路两侧的绿色廊道能够分隔交通、净化空气、减少噪声、美化环境，因此成为城市生态廊道建设的重要部分。

近年来，郑州十分注重建设生态廊道（见图 3-21）。按照生态环保的出行理念，郑州构建了绿廊加漫步道体系，在城市中融入人行步道、自行车道、公交港湾、休闲驿站等公建设施综合体，实现了“公交进港湾、行走在中间、辅道在两边、休闲在林间”，达到了交通、人行、绿化、生态的和谐统一。

图 3-21 郑州线状生态廊道——绿博大道

【点评】按照规划，绿博大道西起四港联动大道，东至人文路，路面两侧绿化带各宽 50 米，绿化面积达 110 公顷。按照"城市走向自然的纽带"和绿带设计理念，突出生态优先、线性景观、功能复合、经济适用的设计原则，绿博大道的设计将景观结构划分为一带、两区、多节点，两区指绿色科技风貌区和绿色生活风貌区。廊道建成后将具备快速交通通道、绿色出行需求、运动休闲健身、体验森林景观、绿化美化环境等多方面的功能。

（2）带状生态廊道，指含有丰富内部生物的、具有中心内部环境的较宽的条带廊道。带状生态廊道建设为城市营造了良好的人居环境，一些景观带为城市居民提供了非常好的游憩环境。

带状生态廊道的宽度对廊道生态功能的发挥有着重要的影响。太窄的廊道会对敏感物种不利，同时会削弱廊道过滤污染物的能力。此外，廊道宽度还会在很大程度上影响产生边缘效应的地区，进而影响廊道中物种的分布和迁移。边缘针对不同的生态过程有不同的响应宽度，从数十米到数百米不等。边缘效应虽然不能被消除，但是可以通过增大廊道的宽度来减小。图 3-22 展示的是银川西路生态廊桥。

图 3-22 银川西路生态廊桥

【点评】生态廊桥跨度约 65 米，宽度最窄处也有 25 米。桥面回填无机种植土壤，可进行绿化种植。在桥面的树林中还设有一条 6 米宽的道路，该条道路既可供行人通行，也可满足小型车辆正常行驶，兼顾了道路交通与公园景观的综合要求。

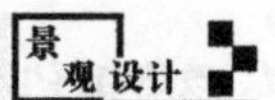

迁安三里河绿道项目将截污治污、城市土地开发和生态环境建设有机结合在一起。该项目沿绿带建立了供通勤和休闲使用的步行和自行车系统，与城市慢行交通网络有机结合，并融合当地传统的特色艺术设计形式，使该项目产生的生态效益及对新美学的阐释，促进了该地区的可持续发展。

该项目中，生态廊道的设计充分利用自然高差，将被防洪堤隔离在外的滦河水从上游引入城市，在源头处形成地下涌泉，使其进入城市并改善生态条件；保留串珠状的湿地，同时结合城市雨水收集和中水的生态净化和回用，使绿带发挥雨洪调节功能，营造一个多样化的生物栖息地；保留场地中的原有树木，从而形成众多树岛，令栈道穿梭其间（见图 3-23、图 3-24）。

图 3-23 生态廊道（1）

【点评】生态廊道的中段穿越了人口密集的社区，主要特色是那段 800 米长的“折纸”。这些中国红艺术品是由玻璃纤维制成的，曲折地摆放于河道边的柳树下。

图 3-24 生态廊道（2）

【点评】“折纸”使遮盖物、座椅、木板路和照明系统成为一个整体，蜿蜒布置在场地已有的树木周围。这是受当地著名的剪纸民间艺术的启发而建造的，成了孩子们放学后聚集的场所。

（3）河流廊道，指河流及其邻近的土地，是包括陆地、植物、动物及内部河流网络的复杂的生态系统。

城市中的河流水系由小溪汇聚成江河，形成树枝状的景观格局。这种分布广泛而又相互连接的空间特征为河流廊道体系的构建提供了天然依托。以往城市发展多未考虑城市河流的景观价值，河流仅作为城市的排污、排涝、航运设施来建设，致使河流被污染，河道景观被破坏。城市河流缺乏完整的断面，河道狭窄、岸段陡峭。河流廊道的建设指在不破坏河流的自然属性的基础上，恢复河流景观及断面的完整性和河流廊道之间的连通性。完整的河流廊道断面应包括河床、河漫滩、河岸及两侧的植被。河流廊道的完整性增加了滨水过渡生境的类型，还能有效阻止污染物汇入，有利于净化水质；同时为城市居民创造了涉水空间，美化了城市视觉景观。修复和建设沿河绿带，有利于增强河流廊道的连通性，构建融休闲、交通、绿化于一体的河流生态廊道体系。

浦江是“中国水晶之都”，水晶制品鼎盛时期，全国 80% 以上的水晶制品均产自浦江。水晶产业一度给浦江人民带来了巨大的物质财富，但隐藏在繁华背后的却是一条极度“危险”的浦江：荡漾碧波被污水吞噬，加之农业面源污染、畜禽养殖污染、生活污水处理水平落后等问题，水质被严重污染，浦江成为浙江省全省污染最严重的河流。

经过设计，浦阳江湿地水域面积约为 29.4 公顷，以湿地为基础，发挥水体净化功效并供市民游憩的湿地公园的总面积达 166 公顷，占生态廊道总面积的 84%。其中具有较强水体净化功效的大型湿地斑块，设置在对应支流与浦阳江的交汇处，将原来直接排水入江的方式变为引水入湿地，延长了水体在湿地中的净化停留时间。同时，拓宽的湿地大大加强了河道应对洪水的弹性，精心设计的景观设施将生态基底“点石成金”，使生态廊道成功融入人们的日常生活当中（见图 3-25）。

图 3-25　完善的河流廊道

【点评】河流廊道的设计运用了生态水净化、雨洪生态管理、与水为友的适应性设计以及最小干预的景观策略，结合硬化河堤的生态修复、改造利用农业水利设施，并融入安全便捷的慢行交通网络，将过去污染严重的河道彻底转变为深受市民喜爱的生态、生活廊道。

城市生态廊道的作用主要有以下4个。

（1）城市生态廊道有助于缓解城市的热岛效应，减少噪声，改善空气质量。

城市生态廊道具有多种生态服务功能，如空气和水的净化、缓和极端自然物理条件（气温、风、噪声等）、废弃物的降解和脱毒、污染物的警示等。城市生态廊道绿化覆盖率的提高，有效提高了能源的利用率，从而缓解了城市热岛效应。不仅如此，由于城市生态廊道有着曲折绵长的边界，生态效益发散面扩大，能创造更加舒适的居住环境，使沿线的更多居民受益。

（2）城市生态廊道有利于保护多样化的乡土环境和生物。

城市生态廊道是依循场所的不同属性，契合场所特质所建构的景观单元，具有明显的乡土特色。同时，对于生物群体而言，城市生态廊道是供野生动物移动、传递生物信息的通道。因此，城市生态廊道对城市的生物多样性保护有着重要的作用。

（3）城市生态廊道为城市居民提供了更好的生活、休憩环境。

城市生态廊道的建设为城市居民营造了良好的生活环境，其中一些小径、滨河景观带等都为城市居民提供了非常好的游憩环境；还有一些以历史文化为主题的生态廊道则不仅是一个游憩场所，更具有宣传、教育的功能。

（4）城市生态廊道构建了城市绿色网络，是城市绿地系统的重要组成部分。

完善的城市生态廊道网络有效地划分了城市的空间格局，在一定程度上既控制了城市的无节制扩张，也强化了城乡景观格局的连续性，保证了自然背景和乡村腹地对城市的持续支持能力。因此，城市生态廊道规划是城市绿地系统规划中的一项重要内容，是构建城市绿色网络的基础。

3.2 生态景观的改造与再生

3.2.1 改造与再生的理念

从世界各地对那些曾被毁坏、废弃或者正在消失的公共空间成功修复的实例来看，不管是对滨水垃圾填埋地的改造，还是滨水工业废弃地的再生，其中无不贯穿着对艺术、自然的关系的处理与生态协调的理念。成功的设计或是巧妙地利用各种废弃材料作为生态恢复的介质，塑造丰富的景观空间，以减少对新材料的索取；或是追求工业美学的内在逻辑建构与生态结构自然演化规律的融合，往往还会插入不连续的片段或具有象征性的元素来暗示瞬间性，自然的时间、社会历史的时间在整体景观中重叠、交织在一起，丰富了人们的体验。

废弃地通常是伴随着传统工商业的衰退而出现的，它们不仅造成了土地资源的浪费，而且污染环境，给周边地区带来了不良影响，导致地区丧失经济活力并出现一系列社会不稳定因素。早在19世纪末，世界各地就陆续出现了废弃地改造活动。20世纪80年代后，随着滨水区重建、开发的兴起和环保运动的高涨，这些用途单一、功能过时的废弃地的再生潜力、历史价值和景观特色越来越受到重视，废弃地的改造与再生成为实施区域复兴计划的重要手段之一。

3.2.2 生态景观再生的设计内容

1. 环境再生

在景观改造过程中，应注意环境再生，这里的环境指人文环境和自然景观，包含社会、地形地貌、地理位置等环境因素。根据生态学原理，随着经济的发展和社会的不断进步，生态系统会遭受一定的破坏，但是生态系统具有自我恢复、自我调和的能力，能在安全和自然的状态下，维持人们的正常生活。环境再生是一种与人类生产、生存活动等息息相关的自然资源和生态环境及时恢复或者保持良好状态的情况，所以在景观改造与再生的设计过程中，应考虑到城市可持续发展的要求，维持环境再生。

荷兰有一个天桥公园（见图 3-26、图 3-27）横跨铁路，长度达 250 米，可供人和自行车通行，同时桥体上配备了大型的太阳能集热器以便为周边地区提供能源。该天桥公园所在地斯海尔托亨博斯过去因为战争防御工程的建设，在很长一段时间里一直被壮丽的自然风景淹没，大量土地尚未开发。如今有了天桥公园这一濒临市区的景观与历史福地，人们可以饱览周边美景。

图 3-26　天桥公园（1）

【点评】景观设计师采用红锈色的耐候钢板作为主材料。耐候钢板除了成为结构，还蔓延折叠翻转，成为树池、地面、座椅、灯具。同时，其强劲的外形与场地的防御工程背景完美契合。

图 3-27　天桥公园（2）

【点评】乔木、灌木、地被在桥上按区域井井有条地分布，桥的两侧主要种植乔木，桥的横跨结构上则主要种植低矮植被。所有植物采用滴灌系统灌溉，同时设置溢流管防止水淹。照明系统也保证了公园在夜间同样明亮。

2. 形态再生

在景观改造过程中，景观的形态再生设计应考虑到公众的视觉美感，特别注意研究景观视觉。形态作为景观再生设计中的重要内容，需要景观设计师合理运用韵律、节奏、均衡、统一等美学法则，加强形态再生设计，运用多种景观语言，使不同形态再生得更加具体。

英国伦敦海德公园内的戴安娜王妃纪念泉（见图 3-28）可谓经典水景项目。它通过一个项链状的喷泉水景来表现戴安娜王妃的优雅和亲切。这条由 545 块巨大的花岗岩石材砌筑的、长度达 210 米的椭圆形水渠，线条飘逸灵动。景观设计师从设计初始就利用模型制作出纪念泉底部那些能让水或翻滚或跌落或涌出气泡的复杂岩面，以展示水的动态美。水流从水渠南端的最高点喷出，然后分成两股，流向不同的方向，在中途还能得到补充。水渠东部的水流通过纪念泉底部表面凹凸不平的岩面，奔流跳跃，而西部的水流则宁静平稳，两股水流最终汇集于水渠低处稍宽阔的水池中。不同的水流形态、不同的水速、不同的水声，反映了戴安娜王妃的个性。

图 3-28　戴安娜王妃纪念泉

【点评】戴安娜王妃纪念泉的设计基于戴安娜王妃生前的爱好与事迹，以“敞开双臂—怀抱”为概念，设计了一个顺应场地坡度的、在树林中落脚的浅色景观闭环流泉。白色的水渠石条带在大地艺术般起伏的绿色草地上蜿蜒着，充满生机和雕塑感。设计体现了自然与艺术的完美结合，也展现了设计与技术之间的紧密联系。流水多呈水膜状，最深处不过 0.3 米。石材的表面都经过防滑处理，目的是希望游客能进入喷泉之中，特别是希望孩子们能在喷泉中游戏。喷泉的周围是开阔的草地，以便容纳尽可能多的游客。

负空间指的是传统意义上的主流空间之间的部分，比如一栋建筑是我们关注的主流空间，其紧邻的建筑则是另一个主流空间，而将二者连接起来的狭窄巷道或者小路就是负空间。负空间一般不会有专门的设计，但它确实是丰富两个主流空间的重要因素。好比文字的间距或是画面上的留白，过大过小或过繁过简都不好。

斯洛文尼亚某步行区兴建于 20 世纪 40 年代中期以后，以现代园林城市理念作为指导，是一个特别的小镇。随着时代的发展，城镇必须升级，需要改变封闭的交通模式，提供更多的公共空间，为更多的人服务（见图 3-29、图 3-30）。

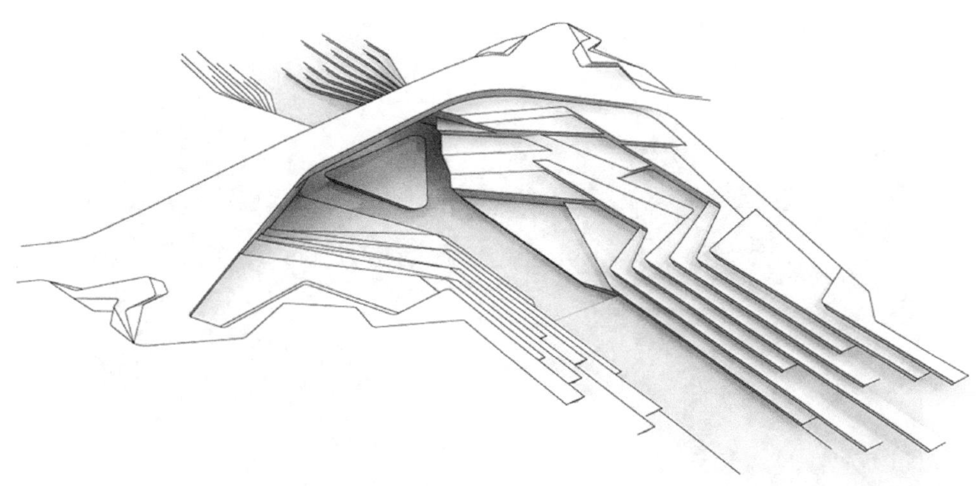

图 3-29　斯洛文尼亚某步行区改造设计图

【点评】原来宽阔但是乏味，仅仅被用于通行的城市道路经过改造，被赋予了相当丰富的内容，路径变得曲折有趣，有收有放。

图 3-30　阶梯式空间

【点评】景观设计师利用比例恰当的混凝土台制造出众多可供人休憩的空间。

道路与河道相遇，两者相互碰撞变成滨河戏水休闲景观带 + 滨河剧场（见图 3-31）。河流虽然湍急，但其水位在一年中的大部分时间是稳定的，景观设计师通过灵活的阶梯式空间适应河流走势，创造出精彩的空间，使临河段成为这个小镇最耀眼的明珠。滨河剧场以新桥作为背景，成为小镇活动的中心，使河畔成为小镇居民心里一个重要的地点。

图 3-31　滨河剧场

【点评】这一处于小镇中心的项目旨在通过提供当地缺少的公共空间来激活小镇，提供空间之外的更大的包容力，并将两个看似矛盾的对立面——“更多的绿色”与“更多的表演空间”完美结合。

3. 资源再生

资源再生关系着城市的可持续发展，关系着能否为人们的生产、生活、生存发展提供源源不断的供给，因此在景观再生设计中，应注意资源再生，延续城市的历史文脉和良好风貌。文化发展程度和经济发达程度越高的城市，资源的可循环利用率也越高。高效利用不可再生资源，协调资源利用和资源保护的关系，有利于维持稳定的资源供给，实现城市的资源再生。

传统的城市景观空间往往是高耗能的空间，为了长时间保持景观空间的所谓美的画面，往往会消耗大量的能源，这还不包括一次性的景观建设带来的资源消耗。而为传统的城市景观空间赋予生产功能，则意味着双倍的生态效用，既省去了高额的维护费用，同时又有产出，能进一步满足人类的生存与生活需求。这是一种基于现实的景观设计实践，同时也重新定义了景观的新功能。

在沈阳建筑大学里，俞孔坚用东北稻作为景观素材，设计了一片校园稻田。在四季变化的稻田景观中，分布着一个个读书台（见图 3-32），让稻香融入读书声。水稻控制了整个空间，并且空间因为水稻的季节性栽种、生长和收割而产生了动态美。这是对传统的追求恒久性的设计观念的一种颠覆。

在大面积均质的稻田中，便捷的步道连着一个个四方形读书台，每个读书台中都有一棵庭荫树和一圈座椅，这些读书台成为学生们进行自习读书和感情交流的场所。

图 3-32　读书台

【点评】读书台使用了现代景观设计的手法，使稻田既有生产功能，又能发挥校园学习、美学和文化教育及农业劳动教育等功能。

遵从两点之间线段最短的法则，用直线道路连接宿舍、食堂、教室和实验室，形成分布于稻田的便捷路网（见图 3-33）。挺拔的杨树夹道排列，强化了稻田简洁、明快的气氛；3 米宽的水泥路面中央，留出 20 厘米宽的种植带供乡土野草生长；座椅散布在路旁的林荫下。

图 3-33　便捷的路网体系

【点评】便捷的路网体系设计的创造性主要体现在对空间的主体材料——水稻从农业生产空间到城市空间的置换。空间语言沿袭了现代主义的构图和形式，并使语言极简化，形成现在田间的便捷路网设计，这进一步凸显了主体材料的作用。

在稻田景观案例中，人们一方面认为景观应被划为生产过程，另一方面将景观定义为服从美学规律的独立的美学学科。但是在俞孔坚那里，并不只有这两种并置的语言，他还将这两种并置的语言转化为一种新语言。俞孔坚使一个严谨的现代主义空间结构与传统农业的乡土便利性相结合，后者以填充的方式将原有空间变得灵活而富有变化。俞孔坚运用了大胆的手法，并通过置换策略，将原本作为竞争对手存在的强烈的现代主义语言和乡土材料结合在一起，并且恰当地营造和表达了诗意。

4. 生态再生

生态再生主要指人类生产、生活和赖以生存的生态环境少受或者不受损坏，维持良好的自我恢复、调和、平衡状态，为了维持城市的可持续发展和保护生态环境，而实现景观再生。生态系统一旦遭受破坏，就很容易引发一系列生态问题，严重破坏自然生态环境，威胁社会的稳定和正常发展。生态再生最根本的目的在于保持人类生存环境的可持续和再生，加强生态保护，提高景观再生设计水平。

在城镇化的巨大浪潮冲击下，作为前沿的中小城市面临着社会经济、环境等方面的诸多问题。

涪江湿地公园（见图 3-34）从生态再生切入，引导和提升了遂宁市的社会效益、经济效益和环境效益的再生效率：变废弃的滩涂为生态湿地，复现自然清洁，使辽阔的水域为野生动植物提供多种栖息地，最终给城市文化生活带来可持续性、生态多产的多元化城市滨水区。

涪江岸边曾是一片荒草丛生、无人问津的郊野之地。2008 年开展的对这片土地的建设不再是简单的城市开发，而是一项生态恢复工程，是一次将有着千年古韵却破败荒凉的河滩地变成“城市绿肺”的神奇之举。

图 3-34　涪江湿地公园

【点评】涪江湿地公园的设计营造了精妙绝伦的自然之美、绿色之美。该项目充分利用宽阔的滨水滩涂建立了 300 亩湿地公园，尽可能地保存了自然原生态的元素，减轻了环境负荷，有效地保持了当地环境的完整性，真正达到了人与自然自由交流的和谐境界。

涪江湿地公园项目将原本被农耕破坏的河滩地变为生态湿地，充分利用“两面临山水、中间一座城”的山水特点，传承东方园林中“象外之象、景外之景”的高度融合的意境，突出生态园林特色，运用流动的线条与聚集的小圆点所产生的韵律，创造了一处建筑、景观、自然协调统一又具有极强艺术感染力的景观体验场所。该项目还把原混凝土渠化的防洪堤岸改造为优美岸线，从而将原防洪堤岸这种危险的地带灵动地变成可亲近、可体验的自然城市景观。该项目的设计从细节入手，力图将生态再生技术渗入景观的各个细节中。

秦皇岛海滨景观带项目通过多种再生设计方法，将一个严重侵蚀、退化、过度开发的海滩生态修复为一个广受欢迎的场所，展示了景观设计师如何运用专业知识和技能，通过生态设计很好地重建人与自然之间的和谐关系。

该项目位于河北省秦皇岛市渤海海岸，长 6.4 千米，面积为 60 平方千米。整个场地的生态环境状况曾遭到严重的破坏；沙滩被严重侵蚀，植被退化，一片荒芜杂乱；之前的盲目开发破坏了海边湿地，使之满目疮痍。该项目旨在恢复受损的自然环境，向游客和当地居民重现景观之美，并将之前退化的沙滩和海边湿地重塑为生态健康且风光宜人的景观。

该项目的整个场地分为 3 个区域。

一区：以木栈道作为生态修复策略。

景观设计师巧妙地设计了一条随海岸线蜿

蜒的木栈道，将不同的植物群落连接在一起。木栈道不仅能让游客在游览途中观赏不同的植物群落，同时也能作为一种土壤保护设施，保护海岸线免受海风、海浪的侵蚀。休息亭、遮阴篷和环境解说系统沿着木栈道设置，全都根据周围景观谨慎选址，使其能够将场地的生态意义视觉化并突出海岸的美丽。

二区：湿地恢复与博物馆建设的结合。

中心区建有一座鸟类博物馆。那里原先是退化的湿地，毗邻被列为国家级鸟类自然保护区的潮间带。受潮间带的水坑景观启发，建筑周围的废墟建成了泡泡形状的水坑收集雨水，从而让湿地植物和动物群落得以生存，并能吸引鸟类觅食。来自港湾的海风穿过建筑内部，驱散了盛夏的炎热，并降低了建筑的能耗。木栈道和平台系统让人们能从建筑中走向湿地，观赏新建成的生境与多样的物种。

三区：点状岛屿和生态友好的碎石堤岸。

此区在项目场地的最东边，之前是一个由水泥堤防构成的公园。这个公园既不生态也不美观，水泥堤岸单调，湖也被僵硬的水泥岸线所环绕，空旷而乏味。再生设计策略包括拆除水泥堤岸，用生态友好的碎石取而代之；同时修建一条木栈道取代硬质的地面铺装，使用当地的地被植物来绿化木栈道沿线的地面。另外，湖心建了 9 个绿岛以丰富单调的水面，并为鸟类休憩和筑巢提供场地。

图 3-35 所示为用计算机绘制的二区和三区的湿地恢复鸟瞰图。

图 3-35　用计算机绘制的二区和三区的湿地恢复鸟瞰图

【**点评**】图 3-35 中的左上角是湖与岛，右半部分是湖中的教育设施。本项目的景观设计师将生态、工程、创新技术和设计元素融为一种有效的“再生手术”途径，实施于受损的景观之上，并将淡化了的人与自然的关系重塑为一种可持续的、和谐的关系。

3.2.3 生态景观改造与再生的模式

1. 废弃建筑物、构筑物、机械设施的再利用模式

在废弃地景观改造中，对场地上以前的废弃建筑物、构筑物、机械设施的处理是规划设计中的一个重要部分，对它们的再利用首先应注重展现历史的沉淀，然后应进行修饰和改造，包括增或减的设计，最后应创造新的语言和形式，以便更充分地满足新的功能需求（见图 3-36）。

图 3-36 城市记忆的延续

【点评】建筑设计采用保护性更新方法，保留了核心风貌区的红砖立面，通过拼贴、并置，将旧的建筑肌理形态与新的城市功能与空间相结合。空间用内街开放、网格分割等方式，对工业尺度的老厂房进行人性化改造，将适用于拖拉机的空间尺度转换为适宜人类活动的尺度，完成由仓库到具备精品餐饮、运动场等一系列现代服务功能的转变。此外，人们在漫步于该空间的核心活力区域的同时，也踏在了属于那段辉煌的工业岁月的履带上。

实行这种模式的措施主要有 3 种：一是保留，分别是整体保留、部分保留和重新使用旧的设备或设施。二是拆分组合。由于条件限制或设计需要，可以将工业废弃地上的某些建筑物、构筑物或机械设施拆除，将拆除下来的构件或工业符号重新组合成建筑、雕塑等景观设计要素。三是创作场地艺术作品。艺术家用他们对工业景观的独特理解进行艺术创作，在他们手里，废弃建筑物、构筑物和机械设施都是创作的材料，工业符号则是艺术创作运用的主题语言。

对待工业遗产，“更新”的观念与“原真性”保护修缮的理念似乎永远存在某种矛盾，而事实上“原真性”在建筑脱离其原本的时代和社会背景的条件下也是不可再现的。工业遗产的修缮和保护更应在延续和保护其历史价值和文化意义的基础上，使其在新的时代和社会背景中获得新的价值和意义。

八万吨筒仓（见图 3-37）是民生码头中最具震撼力的工业遗产之一。作为曾经的生产建筑，其原本的生产功能在城市的发展进程中逐渐消失，留下的构筑物已如废墟般存在。八万吨筒仓作为上海城市空间艺术季的主展馆，在“改造性再利用”的原则下进行了一次空间再利用的积极尝试，以艺术展览为主要功能的城市公共文化空间是景观设计师为八万吨筒仓所寻找的非常适合的改造方向，能最大限度地保持现有筒仓建筑相对封闭的空间状态。

图 3-37 八万吨筒仓

【点评】八万吨筒仓改造中最重要的一个动作是通过外挂一组自动扶梯，将下面 3 层的人流直接引至顶层展厅，使人们在参展的同时也能欣赏到北侧黄浦江以及整个民生码头的壮丽景观。除了悬浮在筒仓外的外挂自动扶梯，对筒仓本身几乎未做任何改动，筒仓内部的结构也得到了保留。这极大地保留了筒仓的原本风貌，同时又展现出因重新利用而注入的新能量。

2. 转化为绿色空间模式

景观改造不仅仅是改变一块土地的贫瘠与荒凉、保留部分工业景观的遗迹，也不仅仅是艺术、生态等处理手法的运用，其最终目的是通过一系列改造，为工业衰退等带来的社会与环境问题寻找出路。

植被重建要首先考虑原有的野生植被，如果场地都荒废了较长时间，会有一些适应性较强的植被从废弃地自然地生长出来。在景观设计师眼中，这些植被不再象征荒芜破败，而是体现了自然的美丽，也记录了场地的历史。这些植被虽然不甚完美，但通过景观设计师的处理被组织到新的景观中，会展示出崭新的美学效果，创造出不寻常的景观效果（见图 3-38）。通过观察野生植被，景观设计师可以快速地找出能适应场地环境，具有很强的忍耐性和可塑性的植物种类，与野生植被合理搭配，重建新的植被景观。

图 3-38 木屋住宅景观

【点评】情景化的耐用设计恢复了阿卡迪亚国家公园内被破坏的历史悠久的木屋住宅。雨水综合管理策略塑造了新的地貌，带来优雅的分层和完善的排水解决方案。移植可持续的原生植物固定土壤，使栖息地再生，并恢复野生动物生态。工艺精湛、用从本地回收的花岗岩以干法砌成的花园，随着生态平衡的恢复，也开始展示季节性的美景。

河流整治与景观再生相辅相成，是一种重要的开发类型，可以改善河流水质、减少洪患、提供丰富的水电资源、促进沿岸城市的发展。开发河流空间作为娱乐资源的价值，发挥滨水地带的亲水功能，增加城市中的自然空间和开放空间，有助于展现自然资源丰富且文化气息浓厚的城市特色（见图 3-39）。

3. 综合开发模式

景观改造与再生是我国乃至全世界当今城市发展建设都应重视的问题。基于对艺术、自然的关系处理与生态协调的基本理念，修复被污染地的水土，开发和改造空间中各种可利用的场所，再现场所的历史价值和文化意义，因地制宜地选择综合性的、合理的改造与再生模式，对改造空间进行清洁、利用和再开发，不仅能够改善环境、提升土地价值、增加游憩场所，还能缓解用地紧张的问题，有利于城市景观的更新和发展。

图 3-39 宁波生态走廊

【点评】宁波生态走廊实现了从棕地到公园，成为城市中的“活体过滤器”的转换。该项目通过修复该地区的生态网络，为原生动植物提供了栖息地，改善了公共环境，为游客和附近居民创造了一个乐趣无限的公共空间，这表明宁波的可持续发展已经走上了一个新的台阶。生态走廊支撑着宁波新城的开放空间系统，将土地划为多种用途，并将它们联系在一起。生态走廊与周围的城市结构和自然体系完美相合，这条绿色丝带与周围的景观交相辉映，相得益彰。

复习思考题

1．试着谈谈你对生态景观设计的理解以及看法。

2．谈谈你对未来景观生态保护设计发展趋势的看法。

课堂实训

查阅相关资料，分析优秀的生态景观再生设计案例的细节及其对生态环境保护的意义。

第 4 章
景观场所精神——氛围与内涵

学习要点及目标

- 学习场所精神的概念，领会景观设计中影响场所精神的因素。
- 了解场所精神的表达方式。
- 探索场所精神与景观艺术的融合。

核心概念

景观艺术　　场所精神

诺伯舒兹提到，早在古罗马时代便有“场所精神”这一说法。古罗马人认为，所有独立的本体，包括人与场所，都有“守护神灵”陪伴其一生，并决定其特性和本质。影响场所精神的不仅有当地的文化历史、人们的生活习惯，还有场所包含的所有元素，如风、阳光、气息、人的活动等。这些元素的组合将影响人们身处其中的感受。景观是形态上的场所，既然有了固定的场所，就必然会产生这个场所特有的文化内涵、精神底蕴以及地域特色等，这在一定程度上决定了场所精神与景观设计是紧密联系、密不可分的。

当今社会，人们对艺术的感受能力的增强和审美水平的提高，使景观设计更需要顺应时代的发展，从人的角度出发进行设计。既然如此，我们就更需要认识、理解场所精神的内涵并了解如何将其与景观设计相结合。

引导案例

景观是一个能提供直观感受的场所，景观设计师要考虑的就是让场所与环境相互融合并且将二者独特的气息充分展现出来，将自然用现代的语言演绎出来；将场所通过造园的手法，通过漏、借、隐的设计手法将外景借于内，将空间隐藏，展现自然的风貌；使尺度、颜色、材料与环境协调，充分进行情绪的表达和情感的抒发。苏州万科大湖公园的景观设计师将昆曲《镜花水月红楼梦》作为灵感来源，将场所与周围的环境完全融合在一起，使场所如同一面镜子，又像一个秀场，将该区域的美好展现出来：水倒映着湛蓝的天空，玻璃映射着太湖的山山水水……

这个场所有一种特别的氛围，很多人去后都有共同的感觉：一到那里，无论是大人还是小孩，整个人都会平静下来。太湖带给人的感受是，远离喧嚣的城市，进入一个宁静的自然环境之中，这就是一种场所精神。无风的时候，天空与山映入水中，而风吹水动、光影摇动时，水中的涟漪配合默契，矗立一旁的朴树也随风摇动。设计师运用粉墙、月门等传统园林景观的特点，使景观与回廊融合，体现出当代造园的特色。连续的白色回廊具有传统苏州园林的秩序美感。立面的墙体通过艺术创作产生肌理触感，又通过有序的分割将光与影带入空间中，赋予空间丰富的层次和变化，谱写出一段素雅又灵动的乐章（见图 4-1）。

镜面的水景（见图 4-2）纵向延伸到尽头，与汉白玉的高山流水连接在一起，犹如池中之水天上来。墨韵于内，留白于外。极干净的墙面对应着月门休息区，樱花林下的休息区以其轻盈的外摆在空间中达到一种平衡，让人仿佛在林下聆听着光与影演奏的协奏曲。

苏州万科大湖公园在展现现代化的地域文化特征的同时，推崇与自然亲密接触的生活方式。景观最接近自然，它是个温和的载体，平衡着人类生活与自然间的紧密关系，而景观设计的布局、颜色和语言，都应从场所自身出发，统筹一切环境因素，使其共同形成一种“场力”（见图 4-3）。

图 4-1　苏州万科大湖公园（1）

图 4-2　苏州万科大湖公园（2）

图 4-3　苏州万科大湖公园（3）

4.1　场所精神与景观艺术

场所精神与人性化设计、情感化设计有着紧密联系。随着设计越来越趋于人性化，如今“以人为本”的设计原则已经作为基本理念深入人心。设计来源于生活，而人则是生活的主体。人性化、情感化的设计不仅能够给人的生活带来便利，更重要的是能理解和包容人的情感，更好地处理人与周围环境的关系，让人与环境和谐共生，与景观的环境产生共情。场所精神表达的核心内容在于探索建筑精神上的含义，主张人的基本需求与在生活中所感受到的精神体验的契合。创作艺术作品的目的在于体现以及传递意义，这在景观艺术中也十分重要。在景观的创作及设计中，无论由谁设计，作品本身都需要受众与之产生一种类似纽带关系的情感联系，而这种联系就是场所精神在景观设计中具有的最大意义。人体会到的情感或轻或重，或微妙或强烈，一旦人与某件艺术作品产生了隐约的情感呼应，那么这件艺术作品就是值得被探讨和肯定的。景观艺术是与人紧密相关的艺术，不仅需要人参与其中，与自然和环境发生关系，还需要人从中得到不同的情感体验。由此可见，将场所精神描述为景观艺术的内核并不为过。

4.1.1 景观设计中场所精神的概念

“场所”的英文直译是 place，其狭义解释是“基地”，也就是英文的 site；广义解释是“土地”或“脉络”，也就是英文的 land 或 context。“场所”在某种意义上，是一个人的记忆的物体化和空间化，可以解释为对一个地方的认同感和归属感。“场所”的另一个特质是它的内容性。所谓内容性，并不一定指建筑物的内部或室内，它描述的是一种更为广阔的空间，如空气、水、植物、动物、人类都是这个空间的一部分。这个空间包含了自然界中的地景，也就是英文的 landscape。这是一种具有延伸性和包容性的场所，而这种自然的场所常常与人为场所的创造和设计有着密切的关系。

场所精神不仅是一种抽象的概念，也可以用非常具象的方法表达出来。比如地面的材料，一面墙的质感、颜色，一排房子的高低，一座山的形状，水的声音，一阵风的气味，甚至一缕阳光的强弱，都是构成场所精神的整体性特质的综合元素。在逐渐迈向体验式文化的当下，无论哪种设计都将越来越为人所用，为人服务。人们开始更多地关注内心的需要，在向往美的事物的同时也开始重视自身内心真实的感受，开始创造一些更加有意义的场所，试图通过多样化的形式建立自身的归属感以及对社会的认同感。

随着现代城市向多元方向发展和变化，场所精神的重要性也越来越为人们所关注。场所精神与多方面的联系随之加强，无论是人文体验、情感体验，还是精神需求。而场所精神在景观设计中的作用也不仅体现在设计图上，还更加发散地影响着人们身处场所时体会到的方向感、认同感和归属感。景观设计的目的不再局限于美化环境，它在新的时代及社会条件下发生了巨大的变化。简单又浅显的物质生活已经无法满足人们的需求，人们希望获得更多的内心满足感。现代景观设计的目的在于“为生活而设计”，希望能够通过一系列的改变给人们提供更为良好的、可持续发展的环境，它的本质是探究人的内心世界，发掘人与环境共生的条件和因素。

一个城市的发展水平大多由城市建设中的景观环境所决定。因此，城市景观在城市空间中扮演着极其重要的角色。城市景观不仅仅是人们日常生活中不可缺少的部分，也是人们进行活动的主要场所和背景。它与人们共生，时刻存在于人们的生活之中，参与人们的生命活动。场所精神在景观设计中具体表现为景观场所特定的性质和氛围，特殊的情感表达以及生活意义上的升华，可以说是景观设计的灵魂。

在人们急需精神体验和情感交流的当下，景观设计的目标已经不仅仅是满足人们对环境功能的需求，更重要的是建立起人们的情感交流，也就是建立具有场所精神的场所。而至于场所精神能否真正成为检验一个景观设计是否成熟的标准，还需要我们进一步探索受众对景观设计的接受方式。本章主要通过对场所精神的基本概念的初步阐述来简要解释场所精神在景观设计中所承担的职责及其在景观设计中的重要性。

4.1.2 景观设计中影响场所精神的因素

在大多数情况下，景观艺术的发展与设计是与自然环境和人造环境相互作用的产物。在景观艺术中，场所精神的体现也与这两个方面有着密不可分的关系。在自然环境中，场所由本质、形态、质感及颜色等具体物质组成。这些具体物质决定了场所应有的特性和基调。在人造环境中，人们不同的行为需求决定了场所的功能和氛围。这也决定了景观设计中场所精神的建立与人们所处的环境是双向作用的。这种双向作用一部分在于人对环境的作用，另一部分在于环境自身生成的氛围。所以，影响场所精神的因素主要由两部分构成。而在景观设计中，人作为活动主体自然而然地处于重要位置，与人有关的因素主要包括人对所处环境的感觉、认知、参与以及情感互动。与环境自身有关的因素主要包括构成景观设计的自然因素以及空间、边界、时间、色彩、文化等能够为环境带来某种氛围的隐形因素。各因素之间互相影响、作用，使场所精神表达得淋漓尽致。

只有真正具有文化特色和生命力的作品，才能既具备很好的功能性设计，也能够充分反映当地的自然文化特色和时代特征（见图 4-4、图 4-5）。这是在景观设计的创作过程中必须充分考虑的。在协调人与自然的关系的过程中，场所反映出来的场所精神是重中之重。场所精神实际上是指一个场所中人们感受到的某种无形的力量，这种力量是一种潜在的，能够同时满足形式和功能需求的人文特征，人们能在一个场所中感受到不同于其他地方的特殊情感。场所精神是一种对历史文化的升华，景观设计要以场所精神为内核，塑造一个基于历史文脉、自然环境和区域定位的有特色的场所。

图 4-4　周庄铂尔曼酒店（1）

图 4-5　周庄铂尔曼酒店（2）

【点评】铂尔曼酒店的景观设计结合了周庄自身作为水乡的特点，将青石板桥、石板路以及传统的小桥流水、青瓦粉墙的特点展现得淋漓尽致。独特的江南文化孕育了独一无二的周庄，而这种文化也渗透进了酒店的景观设计当中，无论是别具特色的拱门，还是高低错落的园景，都提醒着人们此时正处在江南水乡。

景观设计中影响场所精神的因素还可分为自然条件和历史文化两大类。

1. 自然条件

景观设计作为环境设计学的一部分，是连接人与自然的良好纽带。各种不同的自然条件造就了不同的设计语言，景观设计中的场所精神需要对这些设计语言进行总结和升华（见图 4-6），这些自然条件包括地质因素、气候因素等。

土耳其西南海岸博德鲁姆半岛上有一个包含 5 幢高档别墅的别墅群（见图 4-7），别墅群于风景中凸起，唤起人们对传奇火山希腊岛屿（位于别墅群附近）的记忆。景观设计师在设计中首先考虑了保留现有自然景色，并对这些元素进行重新利用；其次考虑了运用当地植物。1 万株薰衣草和在花间翩翩起舞的蝴蝶让整个区域美轮美奂。该区域充满了浪漫色彩，景色十分迷人。

图 4-6　澳大利亚艾尔德伍德海滩景观

【点评】在艾尔德伍德海滩原来的设计中，滨海景区只有一个主停车入口，并且紧邻沙滩。这不仅影响了观景视野，更不利于游客通行。经过改造的海滩景观改变了以往复杂的交通环境，行走、骑行或驾驶车辆都有了明确的分区，更有利于人们开展休闲活动；增加了集水、排水设施，广泛种植澳大利亚当地的耐旱植物，保护了敏感的生态环境；公共空间中也设置了大量的功能性设施，如餐厅、咖啡厅、帆船和垂钓俱乐部等。景观设计师在设计中融入了对人与景观的思考，将景观与自然、人的关系变得更加密切。

图 4-7　别墅群景观

【点评】建筑在材质和空间组织上都体现了火山的烙印。空间流畅地成为一个整体，毫无分隔感。建筑结构和流畅的内外空间不仅保证了私密性，还提供了极佳的观景视野。所用元素包括当地的石头、白色墙壁、木地板、全景玻璃窗等。室内仅采用火山玄武岩。外部区域和石墙屏风大量采用就地挖掘的火山集块岩。巨大的玻璃窗将如画的风景带入室内，模糊了室内、室外的界限。

别墅群所在区域是特殊的地理位置形成的玄武岩地质，传说科斯火山曾经喷发，由此带来的大量岩浆流和火山碎屑岩造就了这片富饶的土地，上面处处是繁茂的橄榄树林。5 幢别墅的形状看起来像极了从科斯火山中喷涌而出的岩浆流凝固体。在此地凸起的旋涡状“博德鲁姆白色”别墅群安静地躺在巨幅环境背景中。

别墅群中，中央庭院的设计巧妙地融合了当地的自然环境，种植着当地具有象征性的植物。每一幢别墅都有一片私人梯地，种植着移栽而来的橄榄树，梯地旁边是边缘由穆拉诺玻璃马赛克铺就的泳池，在梯地区域可以尽享轻拂的海风（见图 4-8）。景观设计师在靠近厨房的区域栽种了一些博德鲁姆当地的柑橘树和其他柑橘类植物（如红柑、葡萄柚和柠檬）以及一些月柱树。石头斜坡也是一个小花园，里面栽种了当地的抗旱耐盐草和百里香、鼠尾草等草本植物，并大面积种植了薰衣草（见图 4-9）。这些植物从夏季到早秋时节产生的各种从紫色到粉红色的渐变效果最是让人印象深刻。薰衣草和草本植物的花朵为这片绿地增添了色彩，而绚烂的自然色彩又映射到住宅内部的家具和瓷砖上。

2. 历史文化

历史文化作为一个场所中最深沉的部分，自然而然地影响着场所精神。而这种历史文化不仅仅以历史遗迹的方式呈现，还可能以神话故事的形式呈现。这就需要我们充分结合当地的历史文化来进行总结。

图 4-8　别墅的私人梯地

图 4-9　别墅的外墙与室内

【点评】别墅探索了动态而又复杂的自然力量之间的丰富联系，以期通过运用这种联系打造出融于自然风景的休闲式疗养环境。设计师通过对多边形的运用，将建筑、景观、自然环境完美地融为一体，打造出了更具现代感和力量感的景观建筑群。室内各种形状的切割面与室外建筑不规则的外形完美联结，景观植物的选用也在很大程度上尊重了当地的自然特色以及生态环境。

苏州中航樾园（见图 4-10）创造了一个既现代又具有苏州传统文化特色的当代苏州园林。景观设计师在苏州特有的园林文化的基础上，考虑到传统太湖石的特点，让建筑设计体现“蚀”的概念，即建筑就像一块太湖石，经过时光的雕琢，演变成一个个独立的空间。而这些空间又与周围的环境紧密相连，与文化密切相关。景观设计延续了建筑概念，并在其基础上进行了更深层次的思考。园中蜿蜒的水流呼应了建筑设计的概念，与建筑联系紧密（见图 4-11）。

图 4-10　苏州中航樾园

图 4-11　苏州中航樾园内庭院细节（1）

“逝者如斯夫，不舍昼夜”，时间像水一样不停地流逝，一去不复返。历史的长河滚滚前流，留下了独特的印记。苏州园林的标志性元素太湖石就是水和时间留下的印记。考虑到场所独特的地理位置，景观设计确定在内庭院通过水景来表达时间这一主题：泉水从石台上安静地溢出，汇成一条小溪，小溪蜿蜒流过庭院，时浅时深，时宽时窄，营造出场所的静谧氛围；水景以池塘为主，静谧的水面和建筑倒影交相辉映（见图 4-12）。

图 4-12　苏州中航樾园内庭院细节（2）

【点评】雨中的流水既有诗意的美感，也有曲线的流动感。同时陆地上的体块平台延伸进水中，体现了一种中华传统文化的内涵。曲线般的流水在和雨水的对比下显得更加安静，更能引人深思。

3. 区域定位

不同的地区有不同的自然风貌和风土人情，这在一定程度上影响了区域的文化，使景观设计有更加丰富的精神内涵。我国各地的地域文化大不相同，无论是山西的晋商文化，还是苏杭的丝茶文化，抑或川渝地区的饮食文化，都代表了不同的生活方式和思想理念。这些文化在很大程度上影响了景观设计中场所精神的应用。

美的总部大楼的设计理念源于桑基鱼塘。珠江三角洲地区河流众多，地势低平，并且时常有遭受水患的风险，当地人民根据本地自然环境的特点，在修堤坝、治洪水的同时将洼地挖宽、挖深变为可利用的池塘，降低水位，基高塘低，基种作物、塘养鱼虾，从而形成了一片具有良好农业生态环境的区域，创造了一种特殊的农业生产方式——桑基鱼塘。这种独具珠江三角洲地区特色的农业景观在广东省内的南海、番禺和顺德多有出现。

桑基鱼塘的“基”与“塘”构成了网状肌理，人们无论是从高空俯瞰还是身处其中，都会对其产生异常深刻的印象。独具特色的地理环境、地域历史和地域文化造就了这一独特的景观。密布的河网，成片的基塘，繁茂鲜活的花木，低吟浅唱的虫鸟，这是珠江三角洲地区尤其是顺德，最常让人联想到的亚热带农业景观。

然而这些年不争的事实是，农业文明时代的景观地图早已被高速的城市化进程所更改。一些熟悉的土地景观已经变为用钢筋水泥修建的楼盘，独具珠江三角洲地区农业特色的桑基鱼塘逐渐变成了关于过往的回忆。

而美的总部大楼景观（见图 4-13）的设计就是依托于这样一个农业文化环境，景观设计师试图用这些设计重新探讨自然、农业生态文明与人的关系，并纪念已然渐渐消失的曾经密布于洼地之上的桑基鱼塘景观。

图 4-14 展示的是美的总部大楼景观的细节，图 4-15、图 4-16、图 4-17 展示的是美的总部大楼景观设计图。

图 4-13　美的总部大楼景观

图 4-14　美的总部大楼景观细节

【点评】用栈桥、道路、水景与庭院等实际功能体块勾勒出“桑基鱼塘”的网状肌理，让人不仅体验到肌理间生动、丰富的功能联系，还能产生那种形式上的亲切感带给人们的对于土地的归属感。

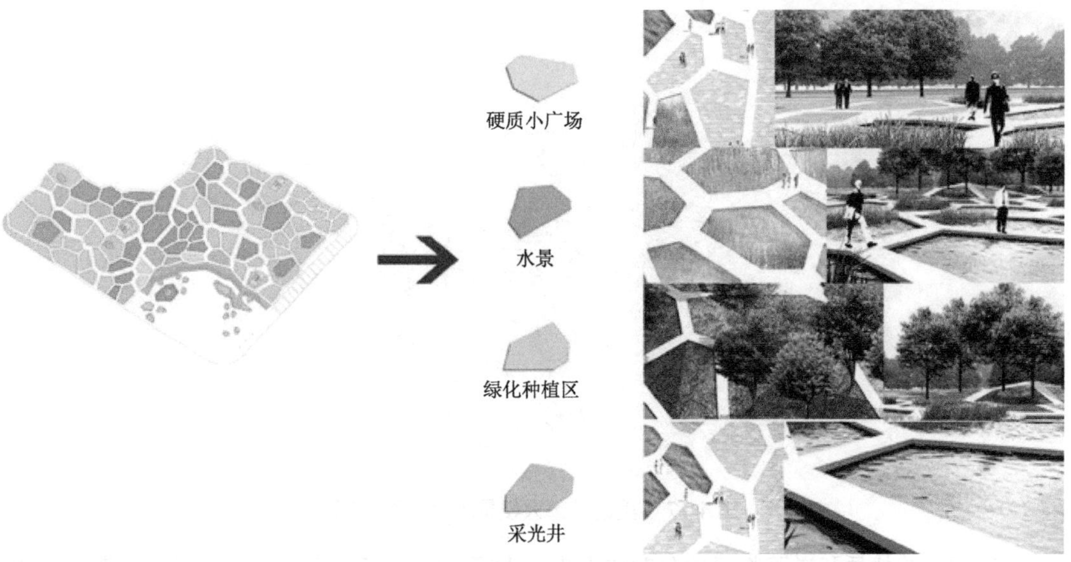

图 4-15　美的总部大楼景观设计图（1）

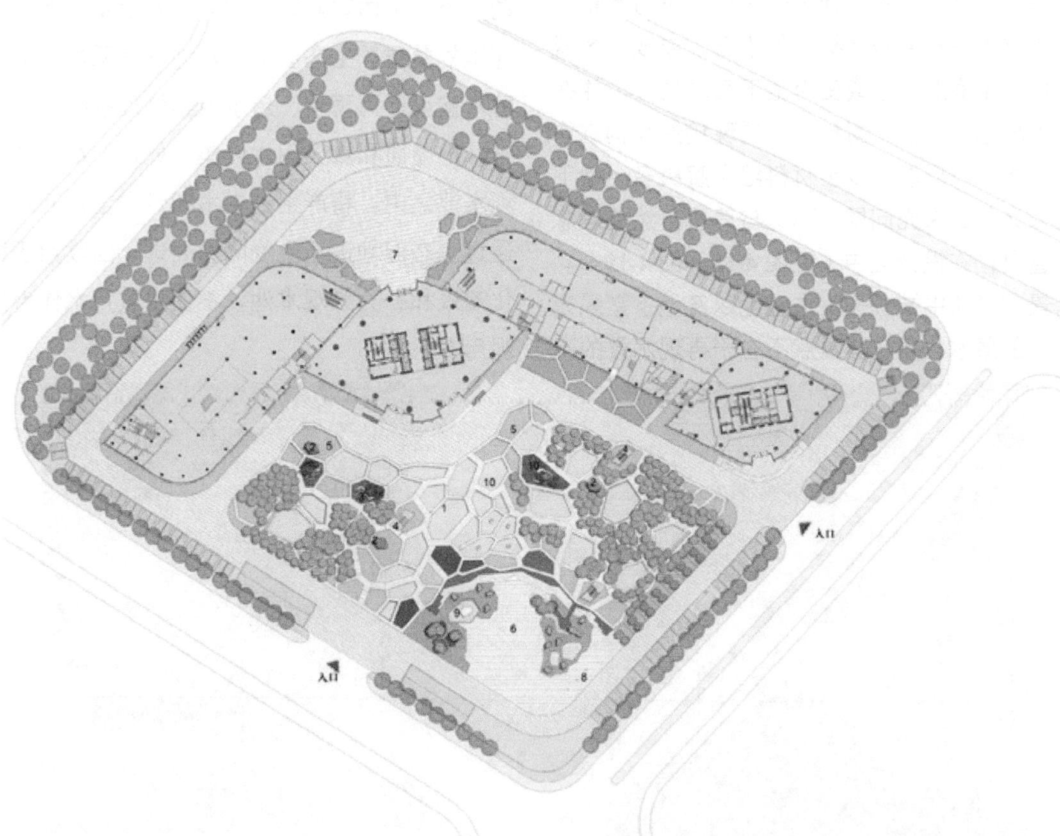

图 4-16　美的总部大楼景观设计图（2）

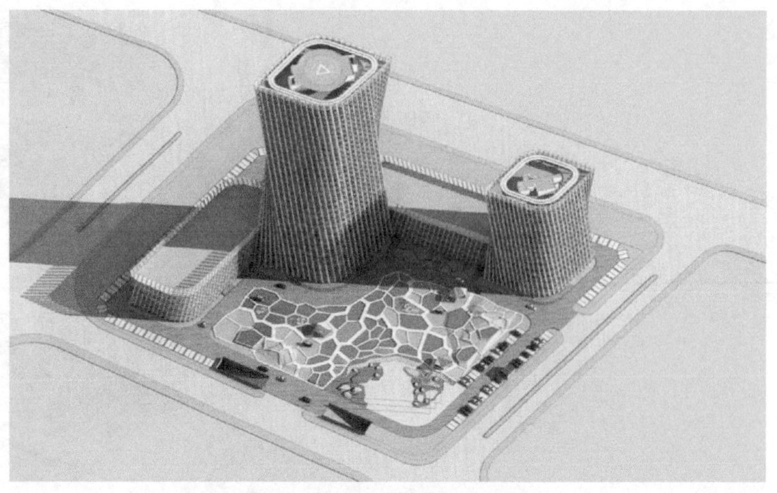

图 4-17　美的总部大楼景观设计图（3）

交错相通的栈桥和道路将用地分割成大小不等、形态各异的几何体——或下沉为水景，或上浮为种植着乡土树木的小丘，或成为区域小广场（庭院），或变为地下室采光井，并在其上增添了用乡土材料建造的现代景观构筑作为点缀，以形态和乡土材料组合解决多个地下室采光井的采光问题，环保与尊重自然的理念一直贯彻在设计之中（见图 4-18、图 4-19）。水景在场所中被分作生态湿地以及地下室采光井上的薄水之用，其重点不在于再现水景的不同形式，也不在于凸显水景带来的若干亲水活动，而在于体现对区域文化、生活及当地自然环境的尊重。生态湿地以及地下室采光井上的薄水被设计为雨水、污水收集处理系统的一部分。把屋面和露天雨水收集、处理、蓄积在景观水池之中，将产生的中水和污水全部回收，通过生态湿地进行生物降解处理，回收用于绿化灌溉和补充景观水池，不使用饮用水作为景观用水。

图 4-18　西班牙阿隆索教堂广场（1）

图 4-19　西班牙阿隆索教堂广场（2）

【点评】该地区独特的文化条件将这里与其他西班牙小镇区别开来，这里不仅有独特的城堡，还有丰富有趣的文化。每到复活节，人们就会在广场上举行游行集会。场所中墙面的纹理、地面、文字和氛围都反映了它的历史特征。墙壁上的文字将这座小镇的历史和文化诉说得淋漓尽致，白色的墙面展现了原有的肌理，地面的铺设使场所变得更有节奏感。

4.1.3 景观设计中影响场所精神体现的因素

在社会的发展中，人们对环境、自然的态度由惧怕、无视逐渐转变为关注、积极修复、共筑和谐关系。将人文的关怀投入对环境的改造当中，不只是设计的需求，也是整个社会的需要。景观设计的一个宗旨是“为人设计”，这就决定了场所精神必然与景观设计产生密切的联系。而景观设计正是因为有了场所精神的介入，才从单纯的为人设计转变为人与自然的和谐相处与对话设计。景观设计中场所精神的体现，不仅受场所自身的影响，还受景观的功能以及人为因素的影响。关注场所中的大小因素，使之成为与人产生关系的部分，才能将场所精神融入景观设计中，从而形成一种自然而然的“场力”。

1. 场所

在景观设计中，场所是最主要的设计因素。在不同的场所中发现其特征并加以设计，成为设计师需要攻克的第一个难关。而场所具有的特殊意义也成为一种优秀的设计素材。如何对历史文物进行修复以形成有文化特色的景观，如何保护文化，如何推陈出新，这些都是场所要求设计师思考的问题。

比利时“属于我”（Be-Mine）游乐场（见图 4-20、图 4-21）是比利时的一个极富趣味的游乐场。这个游乐场位于 60 米高的碎石山之上，设计师以碎石山为基础，将古老的工业建筑改造为新的文化热点区，让人们可以在游玩中学习和体验当地的文化。

从区域尺度来看，这个项目创造了一个地标性的景观元素，以其独有的创意性和可玩性特征给重要的体验群体——孩子们创造了极好的游玩场所。挖掘工业遗址的宝贵价值作为设计概念的主线贯穿了整个设计，使这个带给人们空前惊喜的游乐场为这座矿山增添了新的意义，串联起过去与未来。

图 4-20　比利时“属于我”游乐场（1）

图 4-21　比利时“属于我”游乐场（2）

【点评】在游乐场的外围，一根根木杆拔地而起，如同茂密的森林一般；在内部，凹凸起伏的地面创造出趣味十足的游戏场地。更值得关注的是它的山顶设计，设计师将其规划成一个巨大的煤矿广场，3 个空间相互连接。这个煤矿广场的中部由一条上下贯穿的楼梯做点缀。一块梯形场地镶嵌在木杆森林的中部，形成了一个巨大的游乐场所。场所的表面顺着山坡褶皱起伏，随之产生的光影变幻在远处亦清晰可见。越往高处，梯形场地变得越发狭窄，而在山脚，它则如同碎片洒落在木杆森林之中。起伏的空间与穿插其中的爬行隧道、攀爬墙提供了多样的游戏方式。其中最引人注意的，当属半山腰上穿插在游乐场所中长达 20 米的巨大滑梯（见图 4-22），它可供孩子们玩耍——攀爬、滑落、躲藏和探索。埋藏在斜坡下的隧道纵横交错，仿佛是过去错综复杂的矿井的重现。

图 4-22 滑梯

木杆森林重塑并突出了山体的起伏地形。1600 根木杆井然有序地排列着，覆盖了山体北侧的一面。曾经用作在地下延绵数千米的矿井的支撑结构的圆形木杆，如今暴露在阳光之下，提醒着人们这个矿区的旧日时光。同时，木杆森林中的一部分场所因地制宜，以平衡木、多边形攀爬墙（见图 4-23）、吊床、迷宫和绳网等元素创造了数个游戏场所。

图 4-23 多边形攀爬墙

2. 景观的功能

景观设计中场所精神的体现不仅与场所有关，还同景观的功能息息相关。从这个方面我们就可以看出，优秀的景观设计有融合场所精神与景观功能的特点。

皇家山（Mount Royal）城市公园（见图 4-24、图 4-25）位于蒙特利尔皇家山遗址，曾经也是一座城市公园。这个改造项目的初衷是建立起一个具有互动性的探索空间，在为游客带来全新的空间体验的同时，可以让他们重新思考自然环境与历史文明的关系。正因如此，这个改造项目在景观的功能的设计选择及改造上，采用了与以往不同的设计方式（见图 4-26）。

图 4-24 皇家山城市公园（1）

图 4-25 皇家山城市公园（2）

【点评】景观设计师用线形打造路径、规划道路，供人们休息的座椅上还刻有引人深思的诗句，能让人们在欣赏美景的同时体会精神的平静。

图 4-26 皇家山城市公园中的地标石

【点评】景观设计师采用天然的花岗岩地标石建立了一个指向系统，这种地标石散布于公园内，在融入自然的同时能引导人们更好地休闲、观赏和探索。由于该公园位于特点鲜明的地质遗迹之上，地标石上除雕刻三维的地理位置图外，还雕刻了一些值得观赏、探寻的自然景点和历史遗迹。

3. 人为因素

景观设计的服务对象是人，将场所精神融入景观设计中必然需要考虑人的主体作用。在某些情况下，人不再是景观设计的旁观者，而是其中的装饰、组成部分。人的活动丰富了地区的景观，从而使景观设计更加完整。

奥拉维尔・埃利亚松设计的哥本哈根圆桥（见图 4-27、图 4-28）由 5 个圆形平台串联而成，宽大的桥面能够支持人们走路、骑车、跑步，同时具有弧度的边界能够为人们提供看城市的各种角度。奥拉维尔・埃利亚松希望该桥的锯齿边缘可以降低行人的通行速度，让人们好好地欣赏周围的风景。

哥本哈根积极接纳各种不同的文化、不同类型的设计师，以及其他专家学者，城市文化因此更加丰富。哥本哈根圆桥饱含设计师提高城市生活质量、激发城市热情、提高城市包容性的初心。图 4-29 所示为哥本哈根圆桥夜景。

图 4-27　哥本哈根圆桥（1）

图 4-28　哥本哈根圆桥（2）

图 4-29　哥本哈根圆桥夜景

【点评】圆形构造的哥本哈根圆桥给人一种欢快的生活感，设计师通过这种形态的设计将更便于交流的形式注入作品之中。而夜晚的哥本哈根圆桥更有现代感，桥梁桅杆上闪闪发光的圆形设计也和地面围栏相呼应，达到了形式上的统一。

4.2　场所精神的表达方式

景观的场所精神依托于场所、人文、历史条件，而景观设计离不开场所本身。从这个意义上讲，设计师是通过对场所色彩、空间以及形态的把握来塑造场所精神的。色彩、空间以及形态是景观设计中不可轻视的 3 个方面。在空间划分上，疏密的安排、空间的使用、意境或者创意的表达是景观设计的第一步，它有助于确定更好的环境空间分割方案，确定景观的实用性和要体现的人文特征。场所精神要求景观设计在划分功能区的同时更注意人文关怀，体现生态和谐、历史背景、人们的情感诉求和场所特色。

4.2.1 场所精神的色彩表达

在场所中，色彩对人的影响尤为重要。它不仅可以同当地的人文历史、场所本身结合，也能够同人的情感结合，是景观设计中不可或缺的一种表达方式。作为最有力的视觉语言，它已然成为景观中一个基本的构成要素。而场所从“人”的角度出发，更加直接地传递着人们的审美格调和情感，和谐的场所色彩会使人身心愉悦，有利于营造一种融洽的氛围。而在场所精神中，场所色彩的确定更多地涉及个人、阶层整体的审美取向，受到经济、文化和习俗多种因素的影响。所以景观的色彩应该主要与周围的环境进行渗透结合，其中包括各种人工色、城市自然环境色等。

埃米尔林荫道景观改造项目（见图 4-30）位于以色列哈代拉的城市中心区，这里原本是一条修建于 1920 年的街道，街道两旁遍植榕树，这些高大的榕树与街道一起构成了该城市中心区的历史景观。为了给这一地区带来活力并体现当地的特色，改造项目在不破坏原有街道历史价值的基础上进行。作为哈代拉城区复兴的一部分，埃米尔林荫道以其鲜艳的色彩完美地融入了城区，被设计师变成了小型的集会休闲式花园。

图 4-30　埃米尔林荫道景观

【点评】在埃米尔林荫道中，黄色的圆圈就像一股清泉，其糖果般的色彩为古老的城区带来了活力。圆形的设计也使人们的活动体验更完整，圆形的座椅设计和林荫道景观内的各种设施相结合，体现出一种简洁、生动之感。路面上新增设的座椅都采用了浅灰色，木桩与游乐设施则采用了木质原色，与树木的颜色相得益彰。

色彩具有装饰作用、标识作用和氛围营造作用。

1. 色彩的装饰作用

色彩是景观设计中至关重要的元素，那么如何运用色彩就变得尤为关键。色彩能通过自身的明暗变化给人们带来视觉上的刺激，并通过与形态的有机结合体现场所精神。人们审美水平的提高，使设计师更加重视色彩的装饰作用。要使景观做到既符合主题又体现人文精神，就需要合理运用色彩，使其融入整体的环境当中，只有这样才能给人们带来更好的审美体验和情感体验。

记忆之泉（见图4-31、图4-32、图4-33）改造项目位于日本箱根，该项目的目的是将湖边的植物园改造成一个博物馆及多功能的使用空间。芦之湖和箱根山为设计提供了十分有利的自然环境。原有建筑入口的玻璃圆顶中央种有一棵巨大的菩提树，是植物园的象征，也用于将游客引入园中。在这样的环境下，区域内的水分渗透土壤，在树根部聚集，形成一汪充盈着纯净的水的自然泉。

图4-31　箱根记忆之泉（1）

图4-32　箱根记忆之泉（2）

图 4-33　箱根记忆之泉（3）

透明的树脂地面包含了有不同反射率的材料，象征着湖水是由不同的河流汇聚而成的。这些反射材料让光随着水的自然流动呈现出多变的样貌，向人们诉说着水的记忆的美丽和神秘，强化了空间诗意的表达。多重变化的蓝绿色也突出了自然之感和水的清凉、神秘感，使人、景、场所合而为一。

图 4-34 所示为箱根记忆之泉的俯视图，图 4-35 所示为箱根记忆之泉的厨房。

图 4-34　箱根记忆之泉的俯视图

【点评】湖面会反射周边的景观并反映自然光的变化。树木随着季节变换颜色，从春季的新绿到秋季的深红，一切都倒映在湖水之中。新建的混凝土及透明树脂地面和湖面一样，游客丰富的活动和变化的自然环境为其染上了生动的色彩。

图 4-35　箱根记忆之泉的厨房

【点评】厨房棕色的墙面为木制，上面装有如同在泉水中舞动的碎片般不规则的木板，它们粗糙的形状又像是瀑布流水，其能量和周围的树木产生共鸣，源源不断地为空间注入活力。

2. 色彩的标识作用

色彩不仅能够使景观设计中的各实体显得更有特点，还能起到标识的作用。比如用绿色标识安全出口，用红色标识禁行区域。又如我们能够将骑行道、步行道、停车场等用不同色彩标识，或使儿童活动区域较其他区域的色彩更为鲜艳、独特。这些设计都更加有利于人们主动融入环境，更便捷地使用场所。

南昌洪都是飞机制造产业重镇，过去的洪都人带着飞翔的使命，创造了无数翱翔天空的飞行器。洪都中航城（见图 4-36）设计将洪都老城区作为改造对象，力求让旧日的历史焕发崭新的魅力。设计保留了重要的工业与自然遗迹，同时也保留了人们对于飞翔的记忆。设计师将废旧厂房重新设计，让历史建筑重生，让飞翔的记忆延续。

图 4-36　洪都中航城

园区的中心是专为孩子们打造的“云之谷”（见图 4-37、图 4-38）——利用高低起伏的地形和模仿云朵的水雾打造的能使孩子们在“云”间嬉戏玩耍的游戏场。在游戏区的设计中，场所的色彩生动而富有活力，多采用橙色、黄色等暖色将该区域与其他区域区分开来，使该区域更加突出，也使得整个园区变得更加协调，富有创造力。

图 4-37　洪都中航城娱乐空间（1）

图 4-38　洪都中航城娱乐空间（2）

【点评】洪都中航城在景观空间形态的设计上突出了有对比的不规则圆形和简单的三角形，而在色彩的设计上，采用了使人感到欢快和活跃的黄色、橙色等暖色，使整个空间更加突出和有趣。有关飞翔的记忆也通过不同区域的白色蒸汽水雾及其与暖色的对比变得鲜明起来。

3. 色彩的氛围营造作用

场所有了明暗的变化后，色彩将结合当地人文、历史等条件，在更深层的意义上为人们提供视觉上的不同感受。不同风格的景观需要结合不同的色彩来反映不同的主题，因此我们在色彩的选用上要更加注重氛围的营造，这也是景观设计中表达场所精神的要求。人们通过不同场所中色彩与景观的结合得到不同的情感体验，这在本质上就与场所精神的概念不谋而合。

特拉维夫白色广场（见图 4-39）是由以色列雕塑艺术家达尼·卡拉万（Dani Karavan）于 1989 年设计的。这个广场的主要构筑物是几个用白色水泥制成的大型几何体：20 米高的水泥塔，金字塔状构筑物，以及半圆形构筑物（中间被劈开，种了一棵橄榄树）。这个白色广场带给人无限和永恒之感，仿佛其边界之外就是绿色城市。此外，色彩的运用还让广场充满肃穆感。

塞尔加斯卡诺（Selgascano）馆（见图 4-40、图 4-41、图 4-42）位于比利时中央运河之上，是布鲁日市政府为人们提供新的休闲活动方式的场所。它不仅是一个亲水平台、一个游泳沐浴的服务型装置，也是运河上一道亮丽的风景线。

图 4-39 特拉维夫白色广场

【点评】广场上，白色的楼梯联结了后面的建筑，广场中的人仿佛置身于白色的幻境之中，一切都显得不再那么真实。

图 4-40 塞尔加斯卡诺馆（1）

图 4-41 塞尔加斯卡诺馆（2）

【点评】黄色与红色的使用使整个平台显得格外活跃和引人注目。这里是一个宣传城市文化的地点，它不仅反映了城市的活力，也为古老的城区增添了一抹亮丽的色彩。

图 4-42　塞尔加斯卡诺馆内部

【点评】这一平台的表面使用透光的材质，使人们经过室外阳光灿烂的亲水平台到达景观内部时，可以看到红色的表面经由阳光的照射呈现为玫红色，营造了一种梦幻的氛围。

4.2.2　场所精神的空间表达

景观空间作为空间的一个类型，在整体空间中处于不可替代的地位。把对空间本身的思考转向对空间的产生、发展和形成过程的关注时，我们可以从 3 个方面理解。其一，空间是自然产生的，是一种客观存在，不因内部容纳情况变化而改变。其二，空间是借由与人的关系表现出来的，人能够感知一个空间，那么这个空间就能够从想象中脱离出来，转变为具体、直接的形象。在这里不得不提到，本章对场所精神的理解是以对空间的理解和人的感受作为基础的。空间不能和人分离，两者一直处在相互联系、相互作用，甚至相互影响的关系之中。从体验的角度来讲，空间无疑能够传递给人一种直观的感受；从心理学角度来看，空间的产生和存在都是自然的、有意义的，人们只有身处不同的空间才能体验到不同的空间感受。其三，空间是经由人的意识活动产生的，是一种精神存在。社会的意识形态决定了空间的存在状态，人的思维决定了空间的价值和它所要表达的情感。一个好的、成熟的设计能够通过对空间的塑造和规划来体现它追求的情感表达，所以空间是一种意向性的精神或价值，是一种存在于视觉之中的场所。

景观是由各种自然、人工要素组成的众多空间的视觉、美学集合体。景观空间在生态学科内已经发展成一个完善的体系，我们将景观空间按功能性划分为休闲空间及功能空间，通过探讨它与人的关系来反映这些空间体现的场所精神。

1. 休闲空间

休闲空间，顾名思义就是人们休闲、娱乐、放松的活动场所，如公园、居住区广场、游乐场（见图 4-43）、商业区广场及步行街等。其特点是人员密集，流动性强。这就需要我们在结合景观场所精神的过程中，充分考虑人的影响和环境的影响。

图 4-43　多米诺公园游乐场

【点评】设计师采用鲜艳的蓝色、黄色与金属色并结合工业元素，打造出一个富有想象力、童趣和创造力的艺术景观。色彩服务于景观形态，既能使人体会到游乐场的氛围和工厂的工业化气息，也能使景观与周围的废弃工厂相结合，与周围环境相协调。

大厂书画院（见图 4-44）位于河北省大厂回族自治县，潮白河东岸。该项目西侧和南侧紧邻用于水利灌溉的群英三分干渠。在整个设计中，对“书画”概念的理解和表达是一个重要的出发点和落脚点。未来的大厂书画院不仅是当地书画艺术创作和交流的场所，也是为当地市民服务的城市开放公园。在对场所定位的表达中，设计师显然没有使用十分具象化的特征来定义这个场所，而是尝试创造一个能够激发想象的具有中国传统文化特色的创意空间，以取得虚实结合的理想效果。大厂书画院在整体的格局上突出了水的柔软和石的坚硬的对比，通过水反射的“虚”突出场所内轮廓的“实”，在构造中还原了圆和方的天然对比，如图 4-45 至图 4-50 所示。

图 4-44　大厂书画院平面图

图 4-45　大厂书画院景观

图 4-46　大厂书画院画影

【点评】画影与书画院东入口对应，以竹子作为屏障，把场所分为动和静两个空间：东侧相对开放，与错落有致的石柱形成对比的融合，满足形象展示与集散的需求；西侧相对安静，是适合休息的静谧空间。整个场所利用竹子来引导空间的变化，细腻的、连续的变化使人体验自然的感官越加敏锐，营造出一种亦虚亦实、虚实相生的空间意境。

图 4-47　大厂书画院听荷

【点评】设计师结合高差，将场所下沉，使其成为一个半下沉空间，与水相接的部分成为坐凳，坐凳四周的水面遍植荷花。人们围坐其中，置身于荷花之间，或静听或畅谈，人和荷花的关系变得亲近起来。在这里，人融于自然，与自然成为一个整体。

图 4-48　大厂书画院映池

【点评】映池位于自然山体上，场所为正方形，四周遍植银杏树，中部形成开阔广场，广场中间设置黑色圆盘水池，隐喻“砚池”。映池利用镜面水池借景，“映”树影、云影、水影、人影，将有形之景与无形之景相结合，描绘出一幅将广阔天地纳于水池的画面。

图 4-49　大厂书画院写秋

【点评】写秋的入口处设立了一道景墙，墙后种植了具有中国特色的竹林，用于引导视线、营造氛围。庭院中间和周边种植有各种颜色的植物，白色的景墙和青色的地砖成为背景，阳光下的影子留在白色的景墙上，使景墙成为人与自然之间的景窗。

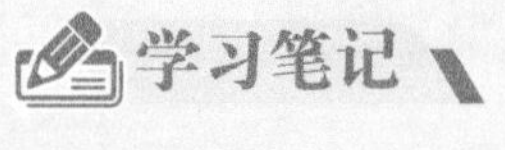

图 4-50　大厂书画院观霞

【点评】观霞的南侧利用两层平台，缩小建筑与水面之间的落差，增强平台的亲水性。夕阳之下，人们置身于平台之上，望远处的落霞和树影，看眼前的芦苇摇曳。近景与远景的变化引发人对自然无限的联想，从而感受到一种情和景的交融之美。

2. 功能空间

功能空间指在场所中具有不同使用功能的空间，如带有纪念性质的用于缅怀先烈或历史事件的纪念性公园、纪念性景观等。这种功能空间对文化、历史的表达的要求更为严格，因为场所精神要求我们在景观设计中注意场所受到的文化、历史的影响。对文化的继承、创新与再生，是我们在景观设计中体现场所精神的关键。在这个方面，我们应该充分认识到人与场所、文化、历史的结合的重要性。

墨西哥蒙特雷城对 1.5 公顷的老工业地区进行了改造，此处破旧的高炉变成了钢铁博物馆（见图 4-51），并成为这片地区的新焦点。在改造老工业地区时，设计者将原有的工业材料用绿色科技进行了改造，挖掘出土的大块钢铁或回收机器等被用于风景如画的梯田、喷泉和公共广场（广场平面图见图 4-52），强调钢铁元素的同时恢复了该区域的生态环境。钢铁博物馆向游客复述着蒙特雷城的钢铁生产史，让经历过那个时代的人回忆当年，也让年轻人不忘历史。

图 4-51　钢铁博物馆

【点评】钢铁博物馆展示了蒙特雷城辉煌的工业历史。在钢铁博物馆入口处保留了高达 70 米的高炉结构，同时还补充了一些符合现代设计理念的新结构。

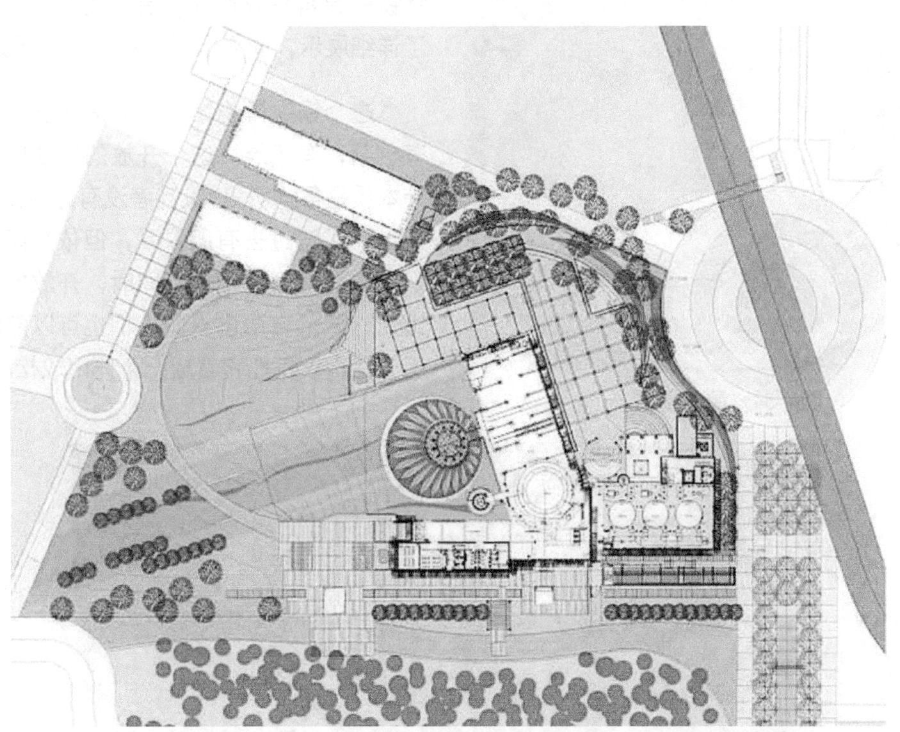

图 4-52　广场平面图

在外部广场上，设计者利用之前工厂遗留的钢板，在道路两旁设计了长 200 米的水道，结合之前的运输轨道打造了一条看似“自然”形成的主要道路，如图 4-53 所示。同时，钢铁博物馆的屋顶绿化堪称南美洲最大的屋顶绿化系统，有效地降低了原本的工业建筑与周围环境产生的强烈冲突和不协调之处，如图 4-54 和图 4-55 所示。

图 4-53 钢板材质的水道

【点评】设计者研究当地的雨水径流，利用地势将雨水导入地下蓄水池，在旱季可为水生植物和湿地植物提供灌溉。

图 4-54 屋顶绿化

图 4-55 屋顶绿化局部细节

【点评】屋顶绿化有效地促进了当地的生态环境恢复。

在室内设计上，设计者充分运用了原工厂的结构作为装饰元素（见图 4-56）。钢铁博物馆采用互动性设备、模型、灯光等展示方式对钢铁的原料提取过程、冶炼过程、用途等进行了详细展示，向人们诉说着工厂的历史。

这个钢铁博物馆项目面对历史，有尊重，有创新，有拓展。这个开放的钢铁博物馆的设计本质是重构历史，设计者没有选择恢复原貌，只选择了与过去有所联系，但依然能完整地呈现老工业地区的历史；同时，开放的钢铁博物馆允许人们自由出入，人们也可以忽略场所的历史性，仅仅把它看成一个休闲放松的场所。

图 4-56 博物馆的室内设计

鹿特丹三维城市景观（见图 4-57~图 4-59）位于鹿特丹市中心 400 米长的人行天桥上，这个景观设计联结了 3 个核心区域——公园、火车站屋顶花园以及重要的城市商业公共空间与建筑，从而形成了一个独特的三维城市景观。

图 4-57　鹿特丹三维城市景观（1）

图 4-58　鹿特丹三维城市景观（2）

【点评】整个设计在圆形的基础上延伸出 3 条通向不同区域的通道，在更大程度上使 3 个区域联动并且实现了激发城市活力的目的。出于对人流的考虑，圆形的设计能保障最高水平的容纳量。

图 4-59　鹿特丹三维城市景观（3）

【点评】圆形的平台不仅能作为通道，也能作为观景、休闲、交流的场所。在这个平台上，人们可以尽情交流，细赏风景，结识朋友，日常休憩。通过这个平台时，人们也为这个原本没有生命的建筑体注入了新的活力。

4.2.3　场所精神的形态表达

一个景观的动线一般是由建筑形态掌握的，建筑通过各种有意味的形态来抒发自己的情感，各种重要信息也通过建筑形态进一步完善。建筑通过各种形式的规划、不同的体积、变化的线条来凸显场所特征，在满足人们需求的同时体现设计师的人文关怀与场所的文化价值。可以说，建筑形态的完善对景观设计的完整性、传达的感情和信息的成熟度有至关重要的影响。

“印度楼梯井（见图 4-60）一直是我们的灵感来源。我们很难再找到一种建筑形式能将功能性和美观性完美地结合在一起，在人类的需求和环境的影响之间建立如此平衡的和谐状态。”设计师将印度楼梯井视作灵感来源，在印度海德拉巴德住宅景观（见图 4-61）中打造了可以用来当作绿植空间的台阶，使该住宅区变成了居民休闲用的花园。

这一住宅景观的设计融入了印度水迷宫（见图 4-62）的特点，对台阶进行了调整，以营造不同的背景氛围：从能为居民带来在公园漫步般的享受的私家花园，到可以进行大型集会的开放式广场。此外，这一面积达 8000 平方米的大型景观还围绕不同的行人流动速度进行了设计（见图 4-63、图 4-64）。

图 4-60　印度楼梯井

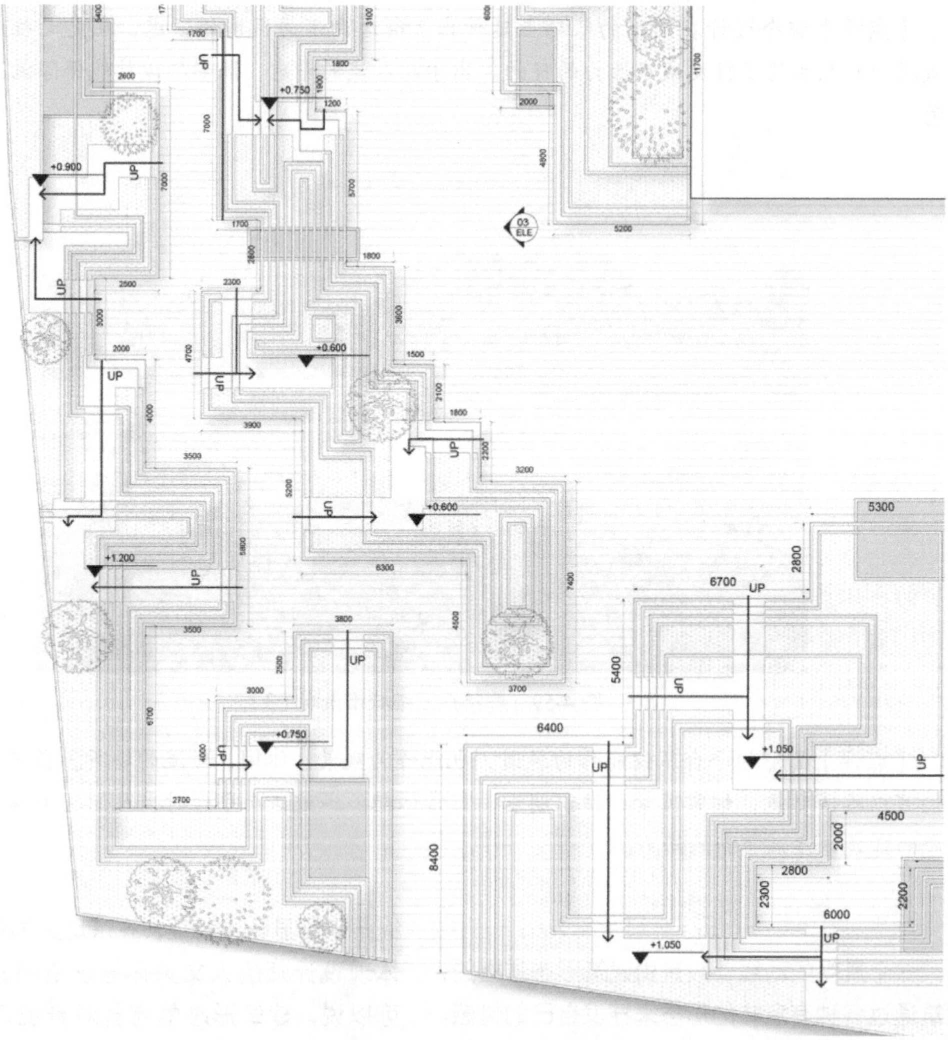

图 4-61　印度海德拉巴德住宅景观平面图

图 4-62　印度水迷宫

图 4-63　印度海德拉巴德住宅景观（1）

【点评】设计师为这一大型的住宅景观设计了适用于 3 种不同行人流动速度的通道：笔直、宽阔的适合运动的大路；较为私密，便于居民交谈、散步的较窄些的通道；通向花园、水景等休闲区域的道路。这种流动性极强的通道大大方便了居民的生活，同时加深了居民与环境的和谐程度。

图 4-64 印度海德拉巴德住宅景观（2）

【点评】茂密的植物将道路和广场做了相对明确的隔断，居民既可以在大面积的区域畅谈，也可以将对话场所转移到私密一些的区域。这种设计更加人性化，也更加实用。同时，景观植物的点缀将原本方方正正的空间区域划分得更加明确，也让空间得到了最大化的利用。

1. 单一建筑形态

厄瓜多尔著名的眺望台（见图 4-65、图 4-66）位于山丘之上，其镜面中流动着的景象寓意着自然与社会，以无形胜有形的力量浸润着人们的心灵。毫不夸张地说，它就像一扇开启人们心灵的大门。镜面的眺望台映出青青山丘上的美丽景象。在这里，我们看到女孩悠闲地坐在眺望台的边缘，云影在镜面上静默地流动（见图 4-67）。

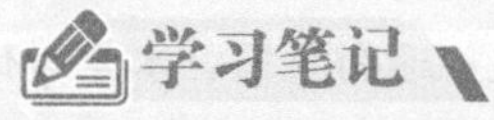

图 4-65 人、马与眺望台

图 4-66 大雾中的自行车、人与眺望台

【点评】眺望台像一扇开启心灵的大门，它为人们展示了一条通向自由和平和的道路。人们的视线仿佛迷失在遥不可及的景色中，而反射在镜面中的景色又近在咫尺。

图 4-67 眺望台内部

【点评】眺望台内部结构运用了木材，而外部则全部由镜面组成。人们在眺望台上可以饱览山丘上的万千景象。眺望台建造的基地名为“云雾”，眺望台和山谷时常隐匿在一片绵延不绝的大雾之中。

图 4-68 ~ 图 4-70 展示的分别是眺望台的展开轴测图、总平面图和剖面图。

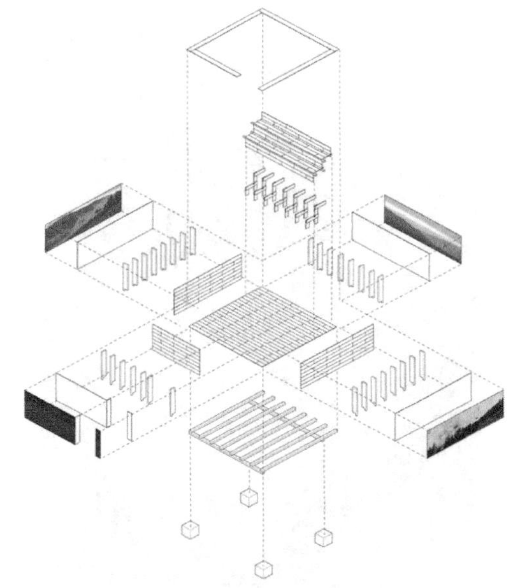

图 4-68 眺望台的展开轴测图

图 4-69 眺望台的总平面图

图 4-70 眺望台的剖面图

奥尔胡斯现代艺术博物馆新景观装置（见图 4-71）是一系列位于公园中的户外座椅，座椅由 4 个不同而又互补的装置组成，致力于给城市空间带来更多活力和愉悦感。新景观装置采用适合坐着或倚靠的大型圆环，每一个装置都采用镀锌钢制作成圆环型平台，仿佛漂浮在地面上。每个圆环都围绕着一棵茂密的树木。当进入夜晚时，新景观装置（见图 4-72、图 4-73）可以引领人们探索喧嚣的城市和静谧的艺术博物馆的边界。这一新景观装置使人与自然的关系更密切，人们身处其中，会不自觉地被圆环包围，被安静的环境引领并进入另外一片领域。

图 4-71 奥尔胡斯现代艺术博物馆新景观装置

图 4-72 夜晚的座椅（1）

图 4-73　夜晚的座椅（2）

【点评】新景观装置包括两个设计：一个是座椅，另一个是用于夜晚照明和供人休憩的中心壁炉。中心壁炉可以将人们聚集在温暖的篝火周围，其设计灵感是"在城市中心野营"，它是一个能让人们产生互动的空间。每个座椅都有自己的用途，从白天到晚上的任何时间段都能够被充分利用。它可以作为一个基础的装置与其他空间设施相结合，或作为一条大的长凳，为人们提供休憩、举行会议和与他人交谈的空间。

2. 复合建筑形态

哥本哈根停车场游乐园（见图 4-74）在设计之初是一个传统的停车场，改造后的停车场中充满绿意的建筑立面（见图 4-75）极富吸引力，而位于屋顶的公共空间则将活力注入建筑之中，赋予了停车场新的内涵。

图 4-74　哥本哈根停车场游乐园

【点评】此项目并没有试图隐藏停车场的结构，而是希望将暴露在立面上的结构转化为一种设计元素，重新激活这一部分，更好地将停车场的特点展现出来。两条巨型楼梯穿插其中，其上的钢制扶手延绵向上，在屋顶转化为秋千、攀爬架、单杠等面向各个年龄阶段的人群的运动、游乐设施，创造出一个活力十足的公共空间。从街道上看去，色彩亮丽的扶手仿佛正邀请人们拾阶而上，去尽享让人惊艳的屋顶景观、俯瞰壮观的哥本哈根港口景色。

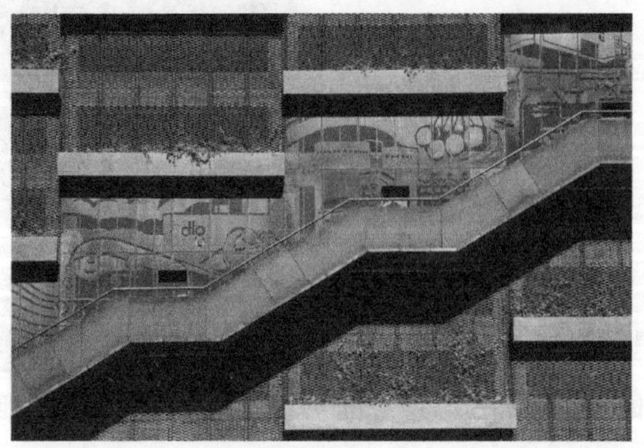

图 4-75　哥本哈根停车场游乐园立面细节

【点评】一系列种植槽挂于立面之外，形成了与整体结构相呼应的节奏和韵律，在创造宜人的空间尺度的同时，设计师将绿色带到了每一个角落。

图 4-76 ～图 4-80 展示的分别是哥本哈根停车场游乐园的运动、游乐设施，以及总平面图、屋顶平面图、南侧立面图、立面及楼梯细节图。

图 4-76　哥本哈根停车场游乐园的运动、游乐设施

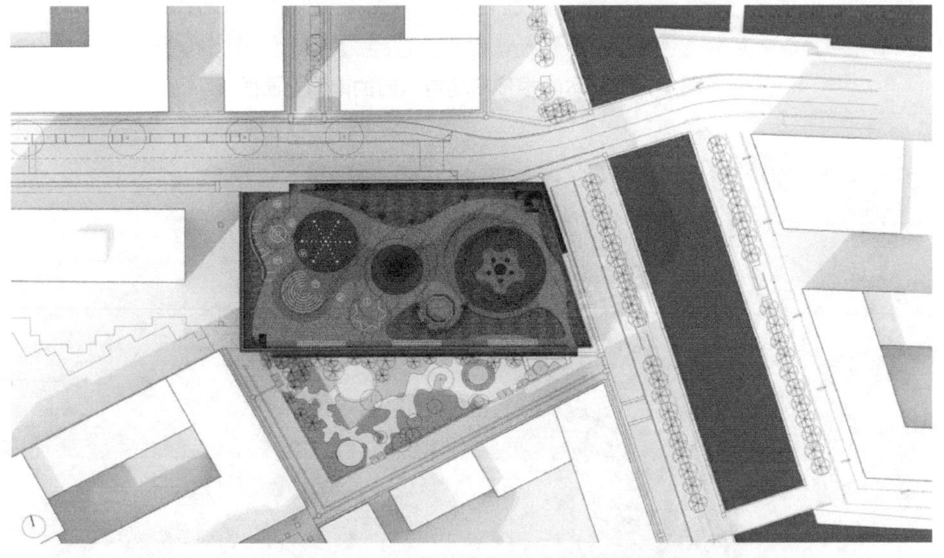

图 4-77　哥本哈根停车场游乐园的总平面图

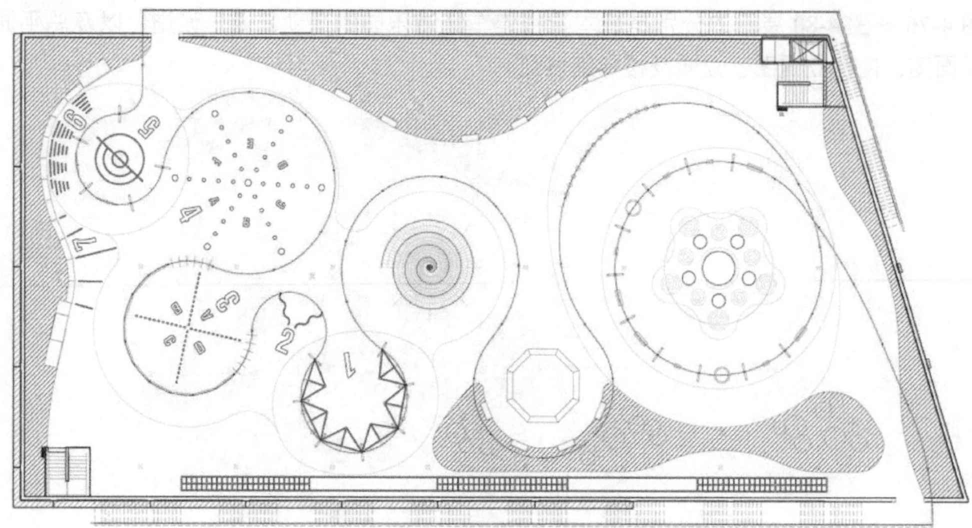

图 4-78　哥本哈根停车场游乐园的屋顶平面图

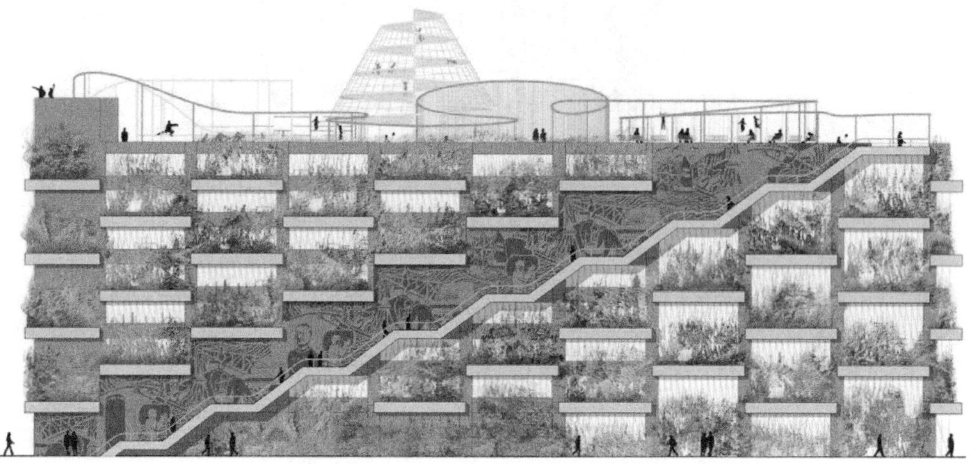

图 4-79　哥本哈根停车场游乐园的南侧立面图

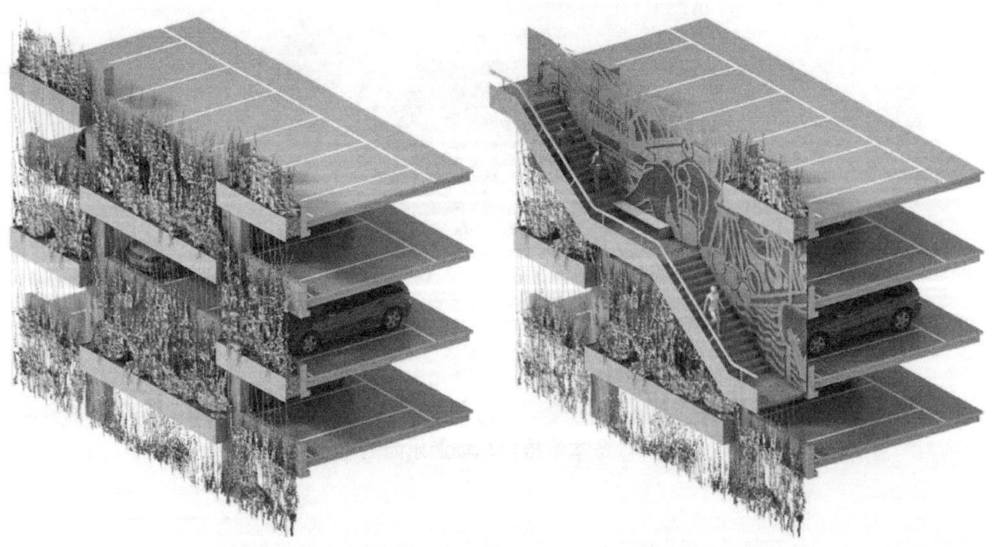

图 4-80　哥本哈根停车场游乐园的立面及楼梯细节图

北京凹陷花园（见图 4-81、图 4-82）的设计理念是凹陷地表。这个设计理念源自设计师希望创造一种与环境亲密并深入融合的空间感觉，凹陷地表则从传统苏州园林（假山的堆叠）以及西方的石窟中汲取了灵感。该作品强烈的三维视觉效果会使漫步其中的人们感觉自己被水泥、土壤和植被包裹着。

图 4-81　北京凹陷花园（1）

【点评】凹陷花园作为大型景观的一种延伸，是传统苏州园林和一池三山的微型景观的现代版本。人们在花园中可以观察到每一个对象，想象自己在其间游走并与自然产生亲密的关系。而凹陷地表的设计正是为了让人们可以获得完整的三维公园游赏体验——攀登到花园上方，亦可观赏其他花园。此外，道路网络如同一个地面上的小迷宫，能给人带来极强的探索感。

图 4-82　北京凹陷花园（2）

【点评】在这个项目中，无论是地面上两种不同材料的运用，还是混凝土结构里的季节性装饰植物，装饰性的设计都显得尤为瞩目。花园中的多种色彩让整体景观变得更有层次，在分割区域的同时也将区域的多边形形态变得更加多样化，突出了设计感和不规则性，使花园更具现代感。正是这些不同的景观，让人们能够体验一个多层次的空间。

图 4-83 ~ 图 4-85 展示的分别是北京凹陷花园的立面图、设计图、平面图。

场所精神能够表明人们对环境、历史、人文、内心的关注，它在被运用到当代城市景观设计的过程中，不仅在形式上做到了融会贯通，在内容上也更好地满足了我们精神层面的需求。未来，场所精神与景观艺术的相互融合与渗透会越发完善直至成熟。

图 4-83　北京凹陷花园立面图

图 4-84　北京凹陷花园设计图

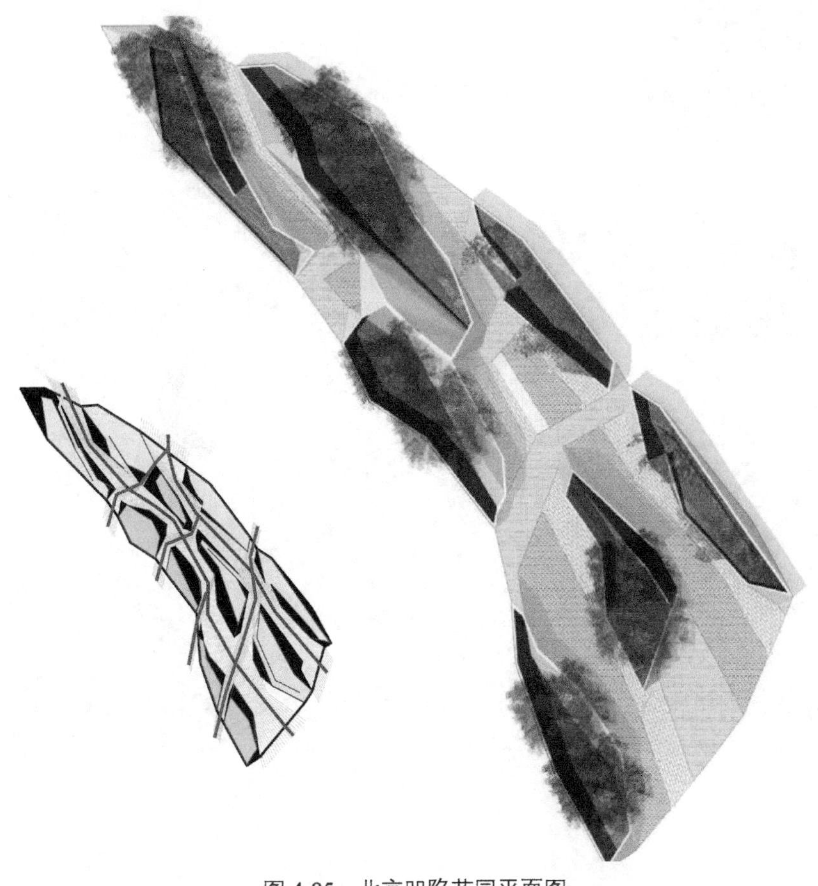

图 4-85　北京凹陷花园平面图

复习思考题

1. 试着谈谈你对场所精神的理解。

2. 简述场所精神与中国传统的“以人为本”思想的异同。

3. 就如何更好地将场所精神与景观设计相融合这个问题谈谈你的看法。为什么你会有这样的看法?

课堂实训

1. 用自己的语言阐述景观艺术与场所精神的关系。

2. 简述一个将场所精神与景观艺术完美融合的案例的成功之处。

第 5 章
景观空间地理——地域与人文

学习要点及目标

- 了解景观艺术的地域性特征，包括地域文化、地域性景观植物以及植物造景艺术。
- 从景观布局、景观植物和景观细节 3 个方面掌握在景观设计中体现人文关怀的方法。
- 了解景观与建筑等多个学科的交叉融合。

核心概念

景观艺术　　地域文化　　人文关怀

随着人类社会文化的不断发展、生产力的提升，人们不断地创造新的环境以满足自身物质和精神的需求。在城市文化发展的初期，城市中的建筑以及与建筑息息相关的景观环境无论是内容还是呈现形式，都体现了一种简单而又基本的因果需求，如人们为了防御建造城墙，为了学习、传播文化筑造学堂，为了居住建造房屋，为了交流建设广场。而如今，人们更加关注自己生存的景观环境所传递的文化内涵，这使景观艺术中的地域性特征和人文关怀进一步凸显。下面将从地域性特征和人文关怀两个方面阐述二者与景观艺术的关系。

“一切建筑都是地区的建筑。”这句话精准地说明了建筑与空间环境的关系，建筑的地域性越加得到人们的重视，与建筑密不可分的景观艺术也有其自身的地域性。从景观层面来说，两个地区之所以会有差别，是因为每个地区都有不同的文化、环境、习俗，由此形成了不同的地域性特征。由此可见，一个地区的地域性特征反映了最本土化的特色。景观除了包含自然景观以外，还包括人文景观。地域性特征包括当地的气候条件、土地形态、地形地貌、动植物、水资源以及历史和人文特色，人们所处的景观环境就是这些地域性特征得以综合呈现的载体。值得一提的是，地域文化是地域性特征一种重要的体现形式，一个地区的地域文化能够反映这个地区的政治、经济、文化等情况，影响人们的生活、生产方式及意识形态。因此，设计师在为某个地区进行景观设计时，必须对当地的地域文化进行深入研究，总结归纳出一定的方法，把地域性特征融入景观设计中，使景观作品更有文化和精神内涵，能体现不同的地域性特征。

人文关怀源于对哲学问题的探讨，其主体思想是注重对人的尊重，注重对人的生存需求的关注。目前，人文关怀已作为重要思想被广泛应用于各个领域中。国际建筑师联合会第十四届世界会议通过的《华沙宣言》强调，“经济规划、城市规划、城市设计和建筑设计的共同目标应当是探索并满足人的各种需求”，由此，景观设计也应注重满足人的生存需求。人文关怀是一种精神文化，是社会物质水平发展到一定水平后人们对精神文化的追求，是“以人为本”的科学发展观的重要体现。人文关怀注重强调“以人为本”的指导思想，核心是关心人类、爱护人类、尊重人类以及理解人类。其内容极其丰富，包括关怀人的生存、安全与发展；尊重人的尊严、人格；关怀人的思想与情感；肯定人的主体性和存在价值；关怀人的自由与个体的自我实现等。以上是对人文关怀这一概念的解释，下面简单阐述一下景观设计中的人文关怀。

在景观设计中，能体现人文关怀的内容包括两方面：一是人文精神景观，二是人文生活景观。人文精神景观在设计时要注重结合当地的历史文化风貌，关注当地居民的生活记忆，结合当地的实际情况进行创新设计，灵活地注入当地的人文精神，赋予该地区全新的生命力，在满足当地居民生活需求的同时，注入更深层次的文化和精神内涵。人文生活景观指人们在日常生活中，在自然景观的基础上，加入一些文化特质来构成一定的景观环境，以满足人们开展人文活动的需求。例如，滨水景观为人们提供了开展娱乐活动、节庆活动等的生活场所，可以提高人们的生活水平。其中，娱乐活动主要有散步、跑步、跳舞、钓鱼、打拳、放风筝等，这些活动反映了人们的人文生活习惯；节庆活动主要有关于元旦、春节、中秋节、国庆节等法定节假日以及元宵节等文化民俗节日的活动，这些节庆活动具有深厚的文化背景。滨水景观的设计要考虑此类娱乐活动以及节庆活动，为人们提供最基本的开展这类活动的空间环境，满足人们开展人文活动的需求。

以上内容是对景观艺术中的地域性特征和人文关怀两方面的简要论述，接下来的各节会进行具体论述。5.1.1 节对景观设计中的景观植物进行分类概括，从城市、乡村、南方、北方的景观植物等方面展开论述，以便读者了解景观中地域性植物的特性和设计原则；5.1.2 节主要介绍在景观设计中如何体现人文关怀；5.1.3 节主要说明景观与建筑、公共艺术、生态学、美学等多个学科的交叉融合，帮助读者拓展宏观的知识体系。

引导案例

贝聿铭设计的苏州博物馆（见图 5-1）是一个体现地域性的优秀景观作品。设计师汲取了中国古典园林的精髓，使博物馆与整个苏州城的传统风貌和谐统一，在尊重苏州原有的历史风貌的基础上，遵循“不高不大不突出”的设计原则，在弥漫着浓郁文化氛围的苏州古街上，设计出一座既融合传统文化又充满现代感的博物馆，成为体现建筑与景观设计中的地域性的典范。

图 5-1　苏州博物馆景观

【点评】苏州博物馆凸显了地域性在景观艺术中的创意表达。该景观的特色之处在于追求自然山水的意趣，模仿自然，把树木、水、叠石等景物作为设计要素考虑进去，“以壁为纸，以石为画”。馆中高低错落的片石假山，在朦胧的江南烟雨中营造出水墨山水画的意境。

5.1　景观艺术的地域性特征概述

近年来，中国社会进入了高速发展的阶段，政治、经济以及文化的快速发展使人们的生活水平大幅度提升，从而使人们更加注重精神层面的满足。景观设计也不例外，人们注重景观是否具有文化和精神内涵。在这种时代背景下，景观艺术快速发展，景观设计作品数量激增，批量化、雷同化的作品层出不穷。因此，景观设计师应该注重挖掘地域文化，景观艺术中的地域性便应运而生。地域性景观是衡量一个地区文化内涵的重要标准，在设计中掌握景观艺术中的地域性是景观设计师应当学习的关键。本节主要从景观设计中的地域文化、地域性景观植物及其造景艺术 3 个方面阐述景观中的地域性特征，示例如图 5-2 所示。

图 5-2　上海八分园美术馆

【点评】为了体现上海八分园美术馆的地域性特征，景观设计师在景观设计中采用了跌水、石桥、山石、竹子等富含上海传统园林韵味的设计要素，与建筑的折扇式穿孔铝板相结合，打造出现代与传统相结合的上海特色工艺品美术馆。

5.1.1　景观设计与地域文化

文化是一个国家和民族的灵魂，是一个国家自立的重要依托。而一个国家的文化，包含着国家领土内不同地区的地域文化。每一种地域文化都是经过时间的洗礼，伴随着人类社会的发展和进步，被时代传承下来的文化。而随地域文明一同传承下来的地域性景观则是符合每个历史时期相应地域的经济发展要求，自然改造要求和社会进步要求的。

景观的地域性决定了它具有强烈的地域文化属性，这种文化属性存在于不同的地域环境之中。地域文化是地域性景观的基因之一，一个地区的景观面貌与内涵会自然流露出该地区特有的地形地貌和历史发展沉淀。地域文化是一个有机的整体，它由很多部分构成，但不是部分的无限叠加；它是一个循序的系统，需要景观设计师对其进行深度挖掘，发现其文化本源，找到其内核，最终提炼出具有地域文化精神的设计要素。下面通过对景观设计的 4 种载体进行阐述，进一步明确在景观设计中如何融入特定的地域文化。

1. 建筑物

从景观设计的层面来说，建筑物不是特指某一栋具体的房屋，而是指房屋与其周围的建筑环境。建筑物所处的庭院、广场等公共空间中的构筑物，都是用顶面、墙面、地面围合而成的建筑环境，设计时必须在建筑环境的基础之上完成对整个建筑物及周围景观环境的构建。要使某个建筑物表现出特定的地域文化，就应当在建筑物所处的空间环境中加入地域文化内容。

丽江悦榕庄酒店（见图 5-3）位于玉龙雪山之下，整个建筑景观融入了独特的高原风光和民族风情。酒店的整体建筑继承了纳西族的文化精神，从建筑样式、景观布局，到木梁门墙、石材铺装，从大堂到庭院到室内的设计，无一不体现着纳西族的文化及习俗。庭院景观设计主要依据纳西族传统的居住习俗与方式，采用露天庭院加小桥流水的景观布置；庭院墙体设计在高度的把控上也尤为巧妙，既保证了私密性，也保证了视野开阔。

图 5-3　丽江悦榕庄酒店

【点评】丽江悦榕庄酒店的建筑风格沿袭了云南的地方建筑特色。景观设计师在规划时就把丽江古城的建筑风格融入酒店建筑中，在景观布置上也采用了地方化的露天庭院，使酒店从建筑到景观都具有强烈的地域性。

2. 雕塑

雕塑是景观设计的重要构成要素，也是地域文化在景观设计中的重要载体之一。雕塑具有传达地域文化内涵的功能，在公共空间中具有标志性的作用，同时也能给整个景观环境带来画龙点睛的效果。景观设计师若想创造韵味独特的空间环境，就可以用雕塑作品精准地表现该地区的地域文化。在创造雕塑时，要注重地域文化的提取与应用，了解不同地域人们的审美取向与文化品位。

临沂沂南县诸葛亮文化广场的水景中设置了不同的雕塑（见图 5-4），“少年诸葛亮”“关公义释曹操”“三顾茅庐”“舌战群儒”等雕塑演绎着诸葛亮这位智者的传奇故事，传达出沂南县作为智者故乡的文化内涵。这组雕塑充满了地域文化的韵味，以人物雕塑为主，突出了沂南县独有的名士诸葛亮故乡这一地域文化主题。

荷花作为济南市的市花，是该市地域文化的代表之一。景观设计师采用了寓意和抽象简化的手法，将荷花的形态用金属雕塑的形式置于济南泉城广场的喷泉池中央（见图 5-5），盛开的荷花具有喷泉功能，彰显了济南的泉水文化。荷花和泉水都是济南的地域文化，运用在景观设计中，无疑能使泉城广场成为该市的标志性景观。

图 5-4　诸葛亮文化广场雕塑

【点评】上图展现的是诸葛亮文化广场中“开府治事”的雕塑。诸葛亮执扇身体微倾，生动地表现出他爱民如子以及百姓对他的心悦诚服。由图中的雕塑我们可以感受到浓郁的地域文化，因而利用雕塑彰显地域文化是景观设计中不可忽视的重要手段。

图 5-5　济南泉城广场

【点评】泉城广场是济南市的中心广场，坐落于济南市中心的繁华地带。2002 年 8 月，泉城广场正式被联合国教科文组织授予“联合国国际艺术广场”称号，成为中国第一个也是唯一一个获此荣誉的城市广场。

3. 地面铺装

地面铺装是景观中最常见、最基本的元素之一，也是地域文化的重要载体。传统的具有地域性特征的图案在地面铺装中的灵活运用，可以传达出特有的地域文化和情怀（见图 5-6）。

图 5-6 澳门市政广场地面铺装

【点评】地面铺装是澳门城市景观独具特色的亮点。图 5-6 中地面上黑白相间的波浪形图案，线条流畅，色彩对比强烈，带有鲜明的葡式风格。

在景观设计中，地面铺装通常分为软质铺装和硬质铺装两种。软质铺装即植物铺装，为了传达地域文化特色，选择软质铺装时，可采用在当地原生环境中生长的植物，它们是传承了地域性特征的物种，而且在使用过程中易养护，较为经济，是大自然赋予该地区的最好的“地域文化”。硬质铺装通常指景观中的道路铺装，材料通常是砂、石、木等。设计师可以采用当地天然的材料，利用材料本身具备的地域性特征，就地取材完成铺装设计；还可以在表现形式和构图上，将地域文化的符号融入材料中，营造出丰富多彩、韵味独特的铺装效果。例如，丽江悦榕庄酒店的道路铺装就提取了地域性元素，采用本土石材——五彩石以及磨砂石板完成了主要的道路铺装（见图 5-7）。

图 5-7 丽江悦榕庄酒店的道路铺装

【点评】丽江悦榕庄酒店的建筑带有浓郁的地域性特征，其景观细节也显露出独特的地域性。图 5-7 中酒店的道路以本土石材磨砂石板进行铺设，边缘处利用碎石进行点缀，碎石的质朴、磨砂石板的厚重和酒店的古城风格相呼应，实现了建筑与景观的完美融合。

杭州西湖文化广场的铺装（见图 5-8）采用金属雕刻的京杭大运河的地图作为地面装置，结合流动的水体设计，表达出“金河古韵”的西湖文化内涵。

图 5-8 杭州西湖文化广场的铺装

【点评】“金河古韵”4 字把西湖深厚的文化底蕴凸显了出来，不规则的金属质地的河流为广场景观增添了一道亮丽的风景线。

4. 公共艺术设施

公共艺术设施在景观中属于功能性极强的元素，在当今的城市景观布局中，景观设施作为连接人和环境的重要部分，是城市形象的体现，其不仅具有实用功能，还具有传承文化的功能。文化是一个城市的历史记忆，它不仅可以给人带来精神上的鼓舞和陶冶，同时还能增加整个城市的韵味和内涵。在公共艺术设施中体现地域文化，要从选材、色彩搭配、造型手法和文化背景等方面进行全面探究，将地域文化的内涵根植于城市的公共艺术设施之中，摒弃程式化的设计，避免造成视觉污染。在进行公共艺术设施设计时，对功能简明、体量小巧、造型别致的设施进行艺术化处理，嵌入地域文化与城市的独特风格，使这些设施被合理地放置在公共场所中，体现出城市的人文内涵（见图 5-9）。

图 5-9　成都天府广场灯柱

【点评】灯柱作为公共设施中的一员在景观中很是常见，而成都天府广场上展现古代巴蜀文化的图腾灯柱十分独特。设计师巧妙地把灯柱主体设计为金沙遗址中玉琮的形象，呈现出内圆外方的造型，灯柱上下两端的装饰纹样采用了三星堆中的云纹和金沙遗址中的眼形器纹，展现了极富地域性特征的巴蜀文化。

5.1.2　地域性景观植物分析

景观植物作为景观设计的重要组成部分，是在一定时间、一定地域内的气候、地理、历史、文化、民俗等多种因素的综合作用下的产物，也是地域文化的载体。中国地大物博，历史悠久，不同的园林风格、设计手法和景观植物为地域性的植物景观的形成奠定了良好的基础。现代城市景观的快速发展极大地促进了植物的推陈出新，新的优质植物得到广泛运用，这导致很多地区的景观植物过于雷同，地区及城市的特色难以展现。因此，在景观设计中，应大力提倡使用地域性景观植物，把不同地区的植物合理地运用在景观设计中，探索和构建地域性特征的植物景观，示例如图 5-10 所示。下面将从城市和乡村、南方和北方的景观植物入手，探讨在景观设计中如何更好地利用景观植物打造地域文化。

图 5-10　法国苏塞公园

【点评】在地域性景观设计中，植物是自然机制最明显的表现要素之一。地域性景观设计不仅仅关注某一点、某一处的植物状况，还关注植物的时效性，也就是植物固有的演变规律，并要求分析植物与植物之间的相互作用。法国苏塞公园就是一个利用植物要素塑造整体空间、改造景观的典型案例。

1. 城市和乡村的景观植物

地理学家把景观作为一个科学名词，定义为一种地表景象或综合自然地理区，或是一种类型单位的通称，如城市景观、森林景观、乡村景观等。景观类型不同，构成景观的基本元素——植物也不同。城市和乡村的景观存在较大差异，这是由不同的劳动生产方式决定的：城市建筑密集，人口多，人们从事非农业生产；乡村建筑稀疏，人口密度小，大多数人从事农业、林业、畜牧业等农业生产活动。由此，城乡景观注定不同，城市和乡村的景观植物也存在较大差异。下面将从城市景观植物和乡村景观植物两方面探讨城市和乡村在景观设计中常用的景观植物类型。

在现代城市景观设计中，合理运用植物进行植物造景，不但可以最大限度地利用城市有限的空间和环境资源，还有利于丰富植物群落层次和形成稳定的植物群落，增强景观效果。同时，城市景观绿化是提高环境质量的重要途径，是展示一个城市物质文明和精神文明的窗口，是人们文化素养和道德风尚的体现，利用植物造景和绿化可以提高城市景观的美学质量。城市景观植物以其特有的观赏性给人以美的感受，它们品类繁多，有木本、草本之分。木本中有观花、观叶、观果、观枝干的各种乔木和灌木，草本中有大量的花卉和草坪植物。由乔木、灌木、草坪植物组成的植物群落，其综合生态效益为单一草坪的 4 ~ 5 倍，所以利用植物造景时应将乔木、灌木、草坪植物相结合（见图 5-11）。下面从 3 个方面介绍城市中常见的景观植物及其在设计中如何应用。

（1）乔木、灌木

由于乔木具有遮阳挡雨、降噪吸尘等功能与明显的景观效果，所以城市绿化时少不了乔木（见图 5-12）。以往城市街道、街心公园、机关、学校、居民小区多定植 2 ~ 3 年生的幼树进行绿化，再将其慢慢培育成大树，发挥其生态功效。但随着社会经济的发展以及城市建设水平的不断提高，单纯地靠定植幼树来绿化城市的方法已不能满足目前城市建设的需要。近年来，城市已发展到定植 4 ~ 5 年生、胸径为 8 ~ 10 厘米或十几年生、胸径为 20 厘米左右的乔木进行绿化。灌木可以和乔木混栽，用于自然造景时也可密植。目前，灌木密植造景很是流行。灌木在园林绿化中有 3 种常见的应用形式。一是代替草坪成为地被。在大面积的空地上将小灌木一株一株地密植，而后对其进行修剪，使其整齐划一，或随地形起伏。灌木的整体组合能取得“立体草坪”的效果，成为园林绿化中的背景和底色。二是代替草花组合成色块和各种图案。一些灌木的叶、花、果具有不同的色彩，将灌木密植组合成寓意不同的色块和图案，这些色块和图案在园林绿地或大片草坪中能起到画龙点睛的作用。三是花坛满栽。对一些形状各异的花坛，可在其中密植灌木进行绿化、美化，形成花境、花台、花坛，以产生不同的视觉效果（见图 5-13）。常见的乔木有银杏、水杉、油松、樟子松、垂柳、白桦、广玉兰、樟树、鹅掌楸、法国梧桐、女贞、合欢、黄金树、木棉树、皂荚、元宝枫等（见图 5-14）；常见的灌木有紫叶小檗、小檗、匍地龙柏、蔷薇、榆叶梅、小叶黄杨、翠蓝柏、矮紫杉、水蜡、木槿、金叶女贞、小叶女贞、迎春花、连翘、紫薇、接骨木等（见图 5-15）。

图 5-11　成都温江国色天香小区景观

【点评】弧形园路处的景观环境主要由高低不同的乔木、灌木组合而成，景观高低错落，井然有序。草坪上也种植了一些八角金盘，增强了整个空间的观赏性。

图 5-12　广州星河湾小区住宅景观

图 5-13　上海松江方塔园景观

【点评】垂柳是溪流植物景观中不可或缺的一员，柔软的柳枝与坚硬的石头形成鲜明的对比，伴随着潺潺的流水声，营造出休闲惬意的景观空间。

【点评】设计师依据河的形状布置花坛景观，在茂盛的绿树的映衬下，毛杜鹃花越发鲜红。透过树林能够看到的远处的方塔尖，像是刻意显露在如此精致的美景中一般。

银杏 　水杉 　油松 　樟子松

垂柳 　白桦 　广玉兰 　樟树

鹅掌楸 　法国梧桐 　女贞 　合欢

黄金树 　木棉树 　皂荚 　元宝枫

图 5-14　常见的乔木

图 5-15 常见的灌木

（2）草花

城市需要色彩，用草花来点缀城市绿地，无疑是为城市增添色彩最有效的手段之一。草花造景就是应用草本花卉来营造景观，充分展现草本花卉的作用，创造出一幅美丽动人的画面，供人欣赏。草花造景可以迅速美化城市，提升城市形象和品位。美丽的草花不仅装点了城市，还能使人们身心愉悦。运用草花的形式可分为草坪镶嵌、立体美化、花坛用花 3 种。草坪镶嵌，指在草坪的适宜位置制造花境，使草坪的色彩更丰富；立体美化，主要形式有垂直绿化装饰、花柱、花球、吊袋等；花坛用花采用脱盆种植方式进行装饰，可保证全年有花。草花由于具有造景迅速、效果突出的特点，越来越受到重视，成为构建良好生态环境与美化城市的重要植物材料（见图 5-16）。常见的草花植物有彩叶芋、草夹竹桃、常春花、雏菊、葱兰、翠菊、大丽花、凤仙花、孤挺花、瓜叶葵、红叶草、鸡冠花、金鸡菊、金盏菊、孔雀草、美人蕉等（见图 5-17）。

图 5-16 草花植物景观

【点评】这是一处用以三色堇为代表的草花植物所构造的景观环境，设计师采用了跌级种植池的方式,使整个空间环境形成竖向高差。人们在紧挨种植池的步道上行走时，目光一定会被这些层次分明的景观植物所吸引。

彩叶芋 　草夹竹桃 　常春花 　雏菊

葱兰 　翠菊 　大丽花 　凤仙花

孤挺花 　瓜叶葵 　红叶草 　鸡冠花

金鸡菊 　金盏菊 　孔雀草 　美人蕉

图 5-17 常见的草花植物

（3）草坪

草坪是由人工种植和管理的，是具有使用功能和改善生态环境作用的草本植被。草坪不但可以美化环境、净化空气、调节小气候、降低噪声、吸滞尘土和保持水土，还具有减缓太阳辐射、保护人的视力、减轻人的心理压力和帮助人消除疲劳等作用。因此种植草坪一度成为时尚，“草坪热”曾经风靡全国。随着城市人口的增加和城市的发展，为了缓解城市的拥挤，开阔人们的视野，在城市的街心广场绿地、文化公园、立交桥和高速公路两旁以及具有纪念意义的馆、碑、塔、亭等场所，多采用草坪作为主景绿化。在这些场所中，一般不会过多地种植乔木和灌木，而是把配植在草坪中的花坛、孤植或丛植的树，以及栽种在草坪边缘的植物作为陪衬，以此提高草坪主景的气氛。常见的草坪植物有马尼拉草、狗牙根、黑麦草、百喜草、弯叶画眉草、沿阶草、玉龙草、钝叶草等（见图 5-18）。

图 5-18　常见的草坪植物

乡村景观在客观方面包括地理位置、地形、水、土、气候、动物、植物、人工物等，在主观方面包括经济发展程度、社会文化、生活习俗。其中由植物构成的景观称为乡村植物景观（见图 5-19），能够形成乡村植物景观的植物可以称为乡村景观植物。

从观赏角度来说，植物的观赏特性主要包括体量、姿态、色彩、质地、香味 5 个方面。与其他方面相比，植物的质地是一个能使人产生丰富的心理感受，对景观的协调性、多样性、空间感，对设计体现的情感与气氛有很大影响的因素。植物的不同质地会给人带来不同的心理感受。如纸质、膜质叶片呈半透明状，给人以恬静之感；革质叶片厚而色深，具有较强的反光能力，给人光影闪烁的感觉；粗糙多毛的叶片给人粗野之感，多富于野趣。有些有裂痕状表皮及植株上有刺或毛的植物也能给人粗野之感，形成野趣式景观。相较于城市景观植物，乡村景观植物在外貌上多是粗犷的。

无论是植物的种植方式、营造手法，还是选材，乡村植物景观的设计都应遵循自然、有野趣的原则。根据目前人们对乡村景观的要求，乡村植物景观可用于高速公路两旁、风景名胜区、农家乐、湿地公园、岩石园等场所中。常见的乡村景观植物有野苋、繁缕、排钱草、假木豆、白三叶、葛藤、金钱草、水丁香、杉叶藻、茶菱、饭包草、鸭跖草、水蕨、慈姑、泽芹、香蒲等（见图 5-20）。

图 5-19　乡村植物景观

【点评】这是安徽的一处景观，旨在活化乡村、凸显田园生活氛围，将生活与休闲相融合。设计师为了使江南农村的田园风光得到原汁原味的呈现，最大限度地保持了村庄的自然形态，保留了村庄的原生植物。

野苋　繁缕　排钱草　假木豆

白三叶　葛藤　金钱草　水丁香

杉叶藻　荼菱　饭包草　鸭跖草

水蕨　慈姑　泽芹　香蒲

图 5-20　常见的乡村景观植物

2. 南方和北方的景观植物

我国幅员辽阔，有丰富的物种资源，自然界原产种子植物有 3 万余种，木本植物有 8000 余种，其中乔木树种有 2000 余种，灌木树种有 6000 余种，占世界树种总数的比重较大，因而我国素有“园林之母”的美称。

植物对环境等条件的适应性决定了植物的多样性和南方、北方景观环境的不同，南方和北方气候条件的差异也决定了我国植物的品种繁多。作为景观艺术的主力军，植物在美化环境、平衡生态和城市建设中起着无法替代的作用。下面将从种类差异和配置差异两方面阐述南方和北方景观植物的不同。

（1）种类差异

南方景观植物种类丰富，有很多常绿阔叶树，常见的有法国梧桐、广玉兰、桂花树、香樟、樱桃、白玉兰、紫玉兰、含笑、海棠、樱花等。另外，南国风光的标志树种假槟榔、鱼尾葵、华棕等亚热带树种独具特色，在南方局部也有应用。花卉多为茶花、兰花、肉桂、三角梅等。草多为暖季型草种，如大叶草、连地针叶草、百喜草、狗牙根等。图 5-21 所示为南方植物景观。

图 5-21　南方植物景观（1）

【点评】上图是广州棕榈园的一处绿地景观。广州地处亚热带沿海地区，所以在植物配置上，适宜选择一些耐高温、喜日照的植物，如图中展现的亮叶朱蕉、高干蒲葵都是较为常见的热带植物。

北方与南方由于气候条件不同，景观植物种类较少。北方园林多选用枝序优美、别致的落叶树种，如垂柳、龙爪槐、白榆、垂榆；选用主干通直、分枝规整、冠型急尖的树种，如水杉、桧柏、落叶松等；在北方园林中，柳树、槐树、松树、柏树、杨树、榆树等乔木是用得较多的树种，其中以松树和柏树最多，因为这两种树耐寒能力强，能过冬。灌木类有丁香、海棠、牡丹、芍药、荷花，大部分是不能过冬的。在现代公园中，许多冬青类篱式灌木常作为边界材料和冬季景物出现。图 5-22 所示为北方植物景观。

图 5-22　北方植物景观

【点评】上图是北京龙湖·滟澜山住宅区的入口景墙花海，从图中能看到景墙后有一棵高大的雪松，雪松在岗亭处也多有种植。雪松是常绿乔木，且树冠呈尖塔形，枝序优美，适合种植在入口处，给人一种正气凌然的感觉。

（2）配置差异

南方景观植物种类多，创造出的景观相当丰富（见图 5-23）。常绿阔叶树香樟、广玉兰、桂花、杨梅、海桐等的使用，使植物景观既可以四季常绿，又可以季季有花，春海棠、夏石榴、秋桂花、冬腊梅，季季精彩。

北方因受气候的影响，其城市园林绿化树种色彩单调，基本以杨树为背景。植物一般整齐划一，四季景色差异分明，春来万物复苏，百花齐放；夏来柳树成荫，荷花盛开；秋季枫槭染红；冬来万木凋零，雪花纷飞。北方的景观植物布置要注意采光，不能太密。北方的常绿树相对较少，在落叶树中间杂种植白皮松、云杉等针叶常绿树，能使四季之景变化丰富，冬季也不萧条。

图 5-23　南方植物景观（2）

【点评】上图展现的是广州美林国际的一处住宅景观。在建筑物与植物组合而成的景观环境中，主要利用植物来衬托建筑物的美感，所以设计师选择了几株挺直的老人葵，它们大小不一，但排列有序，配以灌木和草坪，使整体空间高低错落，建筑物也更显高大宏伟。

虽然北方冬天较冷、光照较少，但此时树木大多已落叶，透光性很好，不影响人们享受阳光；而在夏季，气候干燥火热，人们更需要绿荫的庇护。如今的建筑多以高层和多层为主，较高大的绿化植物与这种建筑更协调，绿树掩映中的建筑也会给人们带来美好的享受。北方不宜把常绿树近植于建筑的阳面，因其夏季挡风、冬季遮阳，而应种植落叶树，夏季其茂密的树叶可遮阳，冬季树叶落光后，建筑便可获得充足的阳光照射。首先北方以树为主、草为辅，草坪种植后需要用专用的养护设备定期浇水、施肥，比栽树的管理费用高；其次北方气候寒冷，一到漫长的冬季，枯黄的草坪便毫无美感而言。故考虑种植草坪时，应该采用混合草坪，甚至是自然植物草坪等，以降低维护费用，同时尽可能创造适合植物生存的自然环境，使绿化实现自然化、多元化。一般而言，北方的草坪适合种植冷季型草种，如黑麦草、紫羊茅、高羊茅、早熟禾等。

我国由于地域的差别，南方和北方在环境、气候、水土资源、植物资源等方面有所不同，因此，设计师在进行不同地域的景观设计时，应结合南方和北方自身的特点。此外，设计师还要根据南方和北方景观植物的特征，结合当地的文化习俗以及人文底蕴，布置出更加科学、合理，能体现地域性特征，给人们带来归属感和舒适感的景观环境。

5.1.3　地域性植物的造景艺术

随着城市景观设计的不断发展，植物在景观设计中得到了广泛应用。温度、水分、光照、土壤、空气等因素都对植物的生长发育起着重要的作用，由此产生了不同的地域性植物。地域性植物的配置能够营造具有不同地域文化特色的景观氛围。运用植物的大小和高低的不同营造出景观中的空间错落感，是植物造景的重要手法之一。除此之外，由于植物的四季变化多取决于植物的季相特色，植物在不同季节的叶子、花朵和果实均能显示出其特色，因此，合理地利用植物的不同色彩，采用组合、对比、分隔等多种艺术手法，都可以取得较好的观赏效果（见图 5-24）。下面将从植物的空间错落感和季节性植物的色彩搭配两方面阐述植物如何用于景观设计之中。

图 5-24　色彩丰富的景观环境

【点评】上图展示了某花园的一角。草坪沿着墙边向侧院延伸，柏树像哨兵一样一步一岗地守护着花园的边界，重复的布局令整个花园变得干净、简洁。经过修剪的亚伯达云杉点缀在花园的一侧，增加了一丝俏皮。

1. 植物的空间错落感

景观设计很讲究高低对比、错落有致，除行道树之外忌讳高低一致。植物的形态特征决定了其有着不同的高度，利用植物的不同高度可将植物组织成有序的景观，但又不能组织成均匀的波形曲线，而应打造出错落有致的空间形态。例如，在植物造景中，可以利用地被、花朵、灌木、乔木等的高低对比来增加趣味（见图 5-25）。

图 5-25　错落小景

【点评】设计师利用了多种植物来取得高低错落的效果，并以此进行色彩搭配，再配合一定高度的木栏，使自然与人造物相融合，更增加了观赏趣味。

植物造景不仅要考虑到植物的高低，更应注意植物与周围环境的比例和尺度关系。比例主要表现为整体或部分之间的长短、高低、宽窄等关系。换言之，也就是部分与整体在尺度间的调和。尺度则涉及具体尺寸，此处所说的尺寸不是真实的尺寸，而是给人在感觉上的大小印象同真实大小之间的关系。例如，北方四合院中的庭院常选用海棠、金银木、石榴、玉兰作为造景植物，大门口外由于街道的空间大，常种植槐树。在广场、公共建筑前，花坛的大小和植物的高低都要考虑好比例和尺度的问题。例如，北京天安门广场前花坛中的黄杨球直径为 4 米，绿篱宽 7 米，都超出了平常的尺度，但是与广场和天安门城楼的比例与尺度关系是和谐的。因此，在塑造植物的空间错落感时，应把握植物与周围环境的比例与尺度关系，这样才能使景观环境更加舒适、和谐。另外，在空间的布置上，为满足人们的心理和生理需求，根据日本景观设计师芦原义信提出的“宜人尺度”要求，不仅硬化景观应符合人们的生理、心理尺度，植物景观亦应符合相应尺度。植物单体群落应间隔 25 ~ 30 米，符合“外部模数理论”。利用植物造景时应根据这一距离间隔变化，步移景异，配置不同植物以带来空间错落感，使人耳目一新，避免同一植物或相同景观给人带来疲倦感（见图 5-26）。

图 5-26　高低错落的植物

【点评】高低错落的植物为整个空间环境增添了律动感，原木色的廊架和植物交相辉映，石板铺成的小径从草坪中穿过，一直延伸到花园的坡地处，使整个空间显得恬静、幽雅。

景观中的植物群落主要由乔木、灌木和草本层组成。为了使整个群落层次分明，有较强的艺术感染力，除了选择简单、协调的植物之外，还应考虑植物的高度。不同高度的植物搭配，能使层次更加丰富。当上层的乔木、灌木分枝点较高，而且种类较少时，下层的地被植物则应适当高一些；当种植区面积较小时，应选择较为低矮的植物，否则会让人产生局促感；在花坛边缘，应选择更为低矮或蔓生的植物，使其高度保持在5厘米以下，以衬托出花的艳丽，营造出层次分明、色彩丰富的空间，如图5-27所示。

图5-27　花境景观

【点评】上图是深圳智慧广场的一处空间，展现了一组花境景观。底层的雪茄花与地面铺装形成自然的边界，干净利落。微地形的塑造也非常成功，凸显了紫红色的巴西野牡丹。

2．季节性植物的色彩搭配

植物美是构成景观美的主体，植物的种类繁多，它们的美主要表现在叶色上。不同季节的植物叶色会有所变化，设计师通常应选用季节性植物来进行色彩搭配，以保证四季有景（见图5-28）。绝大多数植物的叶片呈绿色，但植物叶片的绿色在色度上深浅不同，在色调上也有明暗、偏色之异。植物叶片的色度和色调随四季的变化而改变，如垂柳初发芽时由黄绿逐渐变为淡绿，夏季柳叶变为浓绿；春季银杏和乌桕的叶子为绿色，到了秋季，银杏叶变为黄色，而乌桕叶变为红色；鸡爪槭的叶子在春季先红后绿，到了秋季又变成红色。植物叶片颜色变化复杂，设计师可以掌握其生物学特性，运用色彩稳定规律，实现科学配置以营造良好的景观环境。下面将介绍季节性植物及其呈现出的颜色，帮助读者全面了解季节性植物的色彩特性，以便在今后的设计中更加合理地对植物进行配置。

图5-28　花园一角

【点评】上图中的花园虽不大，却显得十分精致。设计师为了让花园四季皆有景，种植了松树、柏树以及枫树等树种。到了秋季，松树、柏树依然翠绿，而枫树的叶子变为红色，使花园的景色别有一番韵味。

（1）春色叶植物（见图5-29）

许多植物在春季展叶时呈黄绿或嫩红、嫩紫等娇嫩的色彩，用于植物造景时可以表现明媚的春光，如垂柳、悬铃木、山麻杆等。常绿植物初展新叶时，或红或黄的新叶覆冠营造出开花般的效果，如香樟、石楠、五角枫、桂花等。

图 5-29　春色叶植物景观

【点评】河流两岸皆栽植了一列垂柳，粗犷的石头与垂柳是滨河景观的经典搭配。黄绿色的柳枝随风飘扬，散发着初春的味道，倒影在碧绿的河水中若隐若现，这样的景色让人感到心旷神怡。

（2）秋色叶植物（见图 5-30）

秋色叶植物一直是景观设计中表现时序的最主要的素材。秋叶呈红色的植物有很多，如枫香、五角枫、鸡爪槭、茶条槭、黄栌、乌桕、盐肤木、柿树、漆树等。还有部分秋叶呈黄色的植物，如银杏、无患子、鹅掌楸。水杉、水松、池杉的秋叶呈红褐色。

图 5-30　秋色叶植物景观

【点评】银杏是秋色叶植物的代表。春夏时茂密的绿叶到了秋季渐渐变黄，一片片飘落，遍地金黄的叶子像黄金铺地一般，带给人们别样的体验。

（3）常色叶植物（见图 5-31）

常色叶植物因叶色终年为同种颜色，可用于图案造型和营造稳定的景观环境。常见的红色叶植物有红枫、红桑、红木；紫色叶植物有紫叶李、紫叶小檗、紫叶桃、紫叶矮樱、紫叶黄栌；黄色叶植物有金叶女贞、金叶小檗等。

图 5-31　常色叶植物景观

【点评】上图中金绿色的植物是金叶女贞，它是一种常见的常色叶植物，一年四季皆呈此种色彩，又因是小灌木，所以一般用来和不同的植物组合成造型各异的图案或者文字。

（4）斑色叶植物（见图 5-32）

斑色叶植物指叶片上有斑点或条纹，或叶缘呈异色镶边效果的植物，如金边黄杨、金心黄杨、洒金东瀛珊瑚、金边瑞香、金边女贞、洒金柏、变叶木、金边玉簪、银边吊兰等，还有如红背桂、银白杨、栓皮栎等叶背具有显著不同颜色的双色叶植物。

在搭配景观色彩时，应根据植物的季节特性，打造具有观赏功能的植物景观。早春枝翠叶绿，仲春百花争艳，仲夏叶绿荫浓，深秋丹枫似火，寒冬松苍梅红，展现出一幅幅色彩多变的四季图。设计师应掌握不同植物的生长习性、物候变化及观赏特性，组织好不同植物呈现出的时序景观，形成四时有景的景观构图，以突出植物的景观特色。例如著名的杭州西湖，早春有苏堤的桃红柳绿，暮春有花港观鱼的群芳斗艳的牡丹，夏有曲院风荷的出水芙蓉（见图 5-33），秋有雷峰夕照绚丽如霞的丹枫，冬有孤山傲雪怒放的红梅，西湖景区根据植物的季节特性打造了精妙绝伦的时序景观。

图 5-32　斑色叶植物景观

【点评】上图中的植物主要有红枫、玉龙草、金边玉簪等，其中金边玉簪属于斑色叶植物。顾名思义，其叶子四周呈金色，中间是绿色，一眼望去，像是镶了一层金边一般。

图 5-33　杭州西湖夏季景色

【点评】夏季的西湖最好看的就是湖里的荷花，有了绿色荷叶的衬托，荷花越加鲜艳欲滴。远处的雷峰塔与山峰融为一体，像是守卫西湖的战士一般。

植物的色彩，以绿色为主要颜色，其中花的色彩则比较多。色彩的搭配直接影响着景观中的色彩艺术，搭配得好，可达到统一、协调的效果（见图 5-34）。关于整体的色彩搭配，还要注意花色协调，切忌杂乱，如在绿茵满地的草坪上，可用紫花地丁、白三叶、黄花蒲公英等充满生机和野趣的观花地被点缀。同时，设计师要掌握植物因季节特性出现的色彩变化，创造出美好的景观环境。在利用植物造景时，也可使用先开花后长叶的樱花、梅花、玉兰、海棠、梨树，待到繁花落尽之后，这些树便会长出新的叶子，别有一番风味。下面将介绍用季节性植物造景时需要注意的配色方法。

图 5-34　色彩丰富的花境景观

【点评】上图展现的花境不仅色彩多样，而且富有创意，其最大的创意就是用藤条编织的花篮。倾倒的花篮创造了一幅生动而富有想象力的画面，让草地上的花境能顺理成章、自然而然地呈现。

第一，对比色与植物造景（见图 5-35）。对比色差距最大，对比最为强烈，色彩效果鲜明，如色相环中的蓝色和橙色。利用对比色设计的植物景观常在花坛、花带或片林中出现。色叶植物（叶子颜色异于绿叶植物）与具有鲜明特色的季节性植物均为较好的造景材料，如春天北京植物园有大片的蓝紫色葡萄风信子与金黄色或橙黄色的郁金香，蓝与橙的对比带来了春的气息；秋天的香山植物园，满山的元宝枫与红栌、栎属树种在深绿色、灰绿色的圆柏、侧柏等针叶树的衬托下，显得更加明艳而富有感染力，这是利用了红与绿之间的对比。

第二，邻近色与植物造景（见图 5-36）。邻近色在色相环中是“左邻右舍”的关系，因此在植物造景中能形成既统一又有变化的色彩关系。这种色彩关系因为刺激适中，色调鲜明，美感突出，能给人一种柔和、雅致、含蓄的色彩感受。例如，在配置疏林草地时，以白色护栏为背景，配以乔木黄栌，栽满常绿的高羊茅草，夏季树木和草坪形成深浅不一的绿色，秋季黄栌变红，叶子掉落在黄色的草坪上，二者交相辉映，既壮观又和谐，给人赏心悦目的感觉。又如北方城市节庆活动中摆放的盆花，常以绿色为背景，前面摆放黄色的万寿菊、金盏菊、三色堇等，绿色的背景和黄色的花卉采用邻近色，色调和谐、统一。在华南地区，常用橙红色的大花美人蕉与金叶假连翘，紫色的蚌草、紫锦草、各种竹芋等与绿色的长春花形成一组景观，既体现植物特色，也符合邻近色植物的配置原则。

图 5-35 对比色植物景观

【点评】这是一处园路两侧的植物景观，利用了对比色造景的手法。七彩竹芋呈现出紫红色，与其他绿植形成鲜明的对比。在绿色的衬托下，七彩竹芋越发红艳，像两条长长的红带一般，指引着人们向前行进。

第三，类似色与植物造景（见图 5-37）。类似色搭配在一起，往往变化和缓，关系融洽，如青与青绿、紫与红紫、黄与黄绿、橙红与品红等。在利用植物造景时，类似色植物搭配季节性植物足以构成一道亮丽的风景线。如北方的春天，淡红色的桃花、碧桃，鲜红色的贴梗海棠，粉色的海棠花；金黄色的迎春花，黄色的连翘、黄刺玫，以及白色的珍珠梅、金银花等能营造出一幅绝妙的画面。在时间上，类似色具有互相弥补的关系，用类似色进行植物造景能形成整体感较强的植物景观序列，体现景观色彩的协调美。

图 5-36 邻近色植物景观

【点评】绿色的湖边草地与黄色的金盏花在色彩上互为邻近色，虽然整个景观环境中没有特别艳丽的色彩，但草地、金盏花与蓝天交相辉映，展现出世外桃源般的景色。

图 5-37 类似色植物景观

【点评】设计师采用了类似色植物的配置手法，虽都是碧桃，但其在不同的时期呈现出的红色会有所不同，不同种类碧桃的色彩也不尽相同，因而图中这几株碧桃呈现出的色彩，有紫红色，也有淡粉色。不论怎样，红色系的碧桃在景观中都是如此地引人注目。

5.2 景观艺术中的人文关怀

人文关怀是以人为本位的世界观，集中体现对人本身的关注、尊重和重视。它着眼于生命关怀，着眼于人性，注重人的存在、人的价值、人的意义，尤其是人的心灵、精神和情感。人文关怀秉承着人文主义对人的生存状况进行关怀。设计中的人文关怀尤为重要，只有以人为本，方能创作出贴合人心的设计作品（见图 5-38），否则设计作品是没有生命力的，无法得到人们的认可。因此，在景观设计中注入人文关怀是必不可少的。除了可以赋予景观作品顽强的生命力，人文关怀同样也是景观设计的精神支柱。下面将从景观布局、景观植物和景观细节 3 个方面阐述人文关怀在景观设计中如何进行具体应用。

图 5-38　孩子的戏水池

【点评】这是澳大利亚达令敦园区游乐场的一角，主要展现了孩子的戏水池。即便只是一个小的游乐区，我们也可以从中看到人文关怀——不规则的石块每一个部位都是那么圆滑，可见设计师是用心为孩子的安全考虑的。

5.2.1　人文关怀在景观布局中的体现

景观布局在整个景观设计中处于支柱地位，设计得当的景观布局往往能在后面的设计中产生事半功倍的效果。在景观布局中加入人文关怀是设计师需要思考和探究的关键，以人为本的景观设计需要考虑人的感觉特性，例如人的五感：视觉、听觉、味觉、嗅觉以及触觉。这些感官以人本身的感官体验作为主要对象，因而设计师在设计时需注重人的感官体验。设计师在设计时还应考虑到整个环境的公共性、私密性、安全性，合理地安排布局，做到满足各个人群的需要。正如人们需要私密空间一样，有时人们也需要一定的公共空间。宽敞的广场能为人们提供良好的视野，也能为人们提供交流的空间，在布局时考虑到人们对集聚的向往，设计出一定的开阔空间也是“为人设计”的体现。同样，设计师要考虑到人们对私密性的需求，在空间布局上利用绿色屏障或者隔断营造静谧的空间氛围，使人们可以在里面静坐、读书、私语，这也是人性化设计的一种体现（见图 5-39）。值得注意的是，道路规划也是景观布局的重要元素之一，一个人性化的景观需要一个良好的交通系统作为依托。例如，在居住区的景观设计中，规划交通流线时首先要做到人车分流，小区园路及消防车道与游园步道分开，以避免路段承受过大的交通疏导压力；地下车库出入口应安排在车行路段。流畅的交通使人们在出行时更加轻松与便捷，既提高了人们的生活质量，也使人们的心情更加愉悦（见图 5-40）。

图 5-39 可供休憩的草坪

【点评】澳大利亚某游乐场主要为儿童提供娱乐、玩耍的环境，但也考虑到了陪同孩子前来的家长们的需求。因此，游乐场里设计了很多如上图所示的草坪空间，利用小树木进行遮挡，供一家人在此休憩，十分人性化。

图 5-40 宽敞的滨海步道

【点评】这是挪威的一条滨海步道。这条景观步道不仅可以让人们近距离感受奥斯陆峡湾的美景，还能供人们开展丰富多彩的社会活动。通过简化和重新配置步道上的设施，步道变得更加宽阔开放，吸引人们进入景观当中；宽敞的空间让人们能够长时间停留，使人们对峡湾的体验变得更加丰富，也给人们的生活增添了许多乐趣，这就是景观带给人们精神上的满足。

5.2.2 人文关怀在景观植物中的体现

社会经济的快速发展，使局部生态平衡失调，也使人们对绿色空间更加向往。植物对于塑造绿色空间具有举足轻重的作用，植物在景观中的应用也是改善人们生活环境的根本措施之一。因此，设计师从人文关怀的角度出发，利用植物营造空间环境是设计的关键。在空间上，植物有构成空间、分隔空间、引起空间变化的功能。在开放空间中的绿地、草坪，其视线通透、视野辽阔，容易让人心情舒畅，产生轻松自由的满足感（见图 5-41）；半开放空间借助植物与地形、山石的搭配，能够遮挡人们的视线，达到“障景”的效果，引导人们的移动方向（见图 5-42）；封闭空间中利用植物对四周空间的遮挡，满足人们对私密性的需求（见图 5-43）。同时，人文关怀理念下的植物造景设计，应遵循植物自然群落的发展规律，考虑到落叶树种与常绿树种的搭配，在景观环境中尽量做到四季有景、季季有花，为人们带来美的享受。

图 5-41　充满肌理感的广场

【点评】这是深圳笋岗中心广场的鸟瞰图，从图中我们可以看到设计师利用铺装和植物组合成不同的图案，它们打破了原本方正的停车场空间，增强了城市空间的肌理效果，让人赏心悦目。

图 5-42　植物形成的隔断

【点评】这是获意大利某竞赛头奖的一组设计。设计师利用植物形成的隔断把原本单一的空间划分成不同的区域，形成了多个半开放空间，满足了人们的心理需求，是人文关怀在景观中的重要体现。

图 5-43　同济大学屋顶花园鸟瞰图

【点评】随着城市化的加速，大城市高楼林立，人们与自然之间的距离越来越远。设计师从人文关怀的角度出发，利用植物打造了一片净土——屋顶花园。这个花园虽然不大，但足以缓解人们内心的焦虑。

5.2.3　人文关怀在景观细节中的体现

景观细节包括很多方面，例如地面铺装设计、水景设计以及公共设施设计等。下面将分别论述人文关怀在这些景观细节中的体现。

第一，地面铺装作为景观设计要素，是设计师在设计中不可忽视的一个问题。细节决定成败，好的景观设计即使对地面铺装这种细节也会做得很完善。况且地面铺装的作用很大，设计师可利用地面铺装材质的搭配来营造一定的区域主题；在景观的部分区域中，地面铺装以地面拼花的形式出现会起到很好的引导作用（见图 5-44）。从人文关怀的角度看，地面铺装在景观设计中具有划分空间和防滑的作用，在环境中采用的不同材质和色彩会给人带来不同的感受。在划分空间时配合地面铺装的不同材质和色彩，可使各个功能区更加明确。不同材质和色彩的地面铺装可用于关爱社会弱势群体，如盲道、台阶旁的缓坡等都体现了以人为本的设计理念（见图 5-45）。地面铺装设计对材质的选择也展现了人文关怀，设计师选用防滑的地面铺装材料体现了对人们基本生活需求的照顾。除此之外，地面铺装具有另一种潜在的功能，那就是警示人们，例如在花坛周围路面上的不同材质的铺装，不仅是一种美学装饰，还是警示人们切勿踩踏的工具。在地面铺装设计中，卵石的使用也体现了人文关怀的理念，例如花岗岩与卵石相结合的铺装，既能供人们正常行走，又能够作为健康步道，起到按摩足底穴位以强身健体的作用（见图 5-46）。还有一些地面铺装设计能够给人带来积极的情感体验，如木质铺装（见图 5-47）会给人亲切、温暖的感觉，碎石铺装（见图 5-48）会给人朴实、自然的心理感受，这些设计都是以人为本这一设计理念的体现。

图 5-44　景观设计中的地面铺装

【点评】从图 5-44 景观设计的地面铺装中，我们可以看出人文关怀无处不在：圆形的卵石铺装告诉人们这是一个景观节点，人们可以在这里休息；黑色的线性铺装指引人们前进的方向；座椅区的铺装与道路有所区别，既有划分功能区的作用，又增强了空间的层次感与观赏性。

图 5-45　无障碍斜坡座椅

【点评】这是一处带有微地形的景观空间，设计师把座椅设计成红棕色并摆放于斜坡处，使其更加醒目；同时为了方便大众使用，设计了无障碍斜坡，能满足各类人群的需求。

图 5-46　健康步道

【点评】设计师将一条路一分为二，利用不同的材质进行铺设，使道路既具有功能性，又能起到美化环境的作用。人们可以自主选择走何种材质的道路，以满足自身的需求。

图 5-47　木质铺装的花坛座椅

【点评】图 5-47 展现的是麻省艺术与设计学院宿舍楼前的小广场设计，木质铺装的花坛座椅是这个设计的亮点之一。座椅周围栽有植物，加强了自然的表现力，并为坐在这里的人们营造了平和的气氛。水平走向的木条排列成的座椅中穿插着可以发光的条板，让座椅在实用的基础上多了一丝趣味。

图 5-48　碎石与混凝土铺装

【点评】这是荷兰一个天台公园的一处景观，碎石铺装上镶嵌了大面积的混凝土砖。碎石的粗犷能给人一种自然、质朴的感觉，而呈几何图形的混凝土砖打破了碎石地面的单一性，丰富了铺装层次。

第二，水体是景观设计中不可或缺的一种要素，可以增加空气湿度，净化环境。在景观设计中，重视水体的造景作用，处理好水体与植物、建筑以及其他构筑物之间的关系，可以营造出引人入胜的景观（见图 5-49）。把人文关怀引入水景设计的潜台词就是在水景中加入参与性与互动性。多数人天生具有亲水性，在设计中应对这种亲水性进行充分考虑，例如在以水为主题的环境中，不仅应当设计供人们观赏的水景，还要多提供人们能直接参与的水景，如游泳池、戏水池、喷泉广场、滨河步道（见图 5-50）都能够使人们与水亲密接触，感受水的清澈与纯净，这就是人文关怀在水景设计中的体现。

图 5-49　水景鸟瞰图

【点评】这是中国香港浅水湾的一处住宅区水景，此水景给人一种强烈的视觉冲击。设计师在游泳池周围采用了多彩的、独特的元素，用传统格子框架结构划分出了游泳池平台和花槽；水池边的圆形图案由彩色的灌浆和花岗岩的混合物组合而成，为人们与水景互动创造了优质的空间环境。

图 5-50　芝加哥滨河步道

【点评】设计师将芝加哥河沿岸变成供人们休闲、娱乐的小广场，满足了人们的亲水需求。步道采用了大片木质铺装，可供人们坐在上面观赏河上的旖旎风光。

第三，公共设施与人的生活息息相关，主要包括路灯、户外家具、雕塑、路标、垃圾桶、公共座椅、健身器材等。景观中公共设施的直接服务对象是人本身，所以在设计时要从人的需求出发，设计出易操作、安全性强和环保的公共设施。虽然公共设施通常是小型的个体元素，但人们同样也需要从中感受到人文关怀，具有人性化设计的公共设施在实用的基础上还能带给人精神上的愉悦（见图 5-51）。例如，尽管垃圾桶的主要功能是盛放垃圾，但是其良好的外观形态也能起到较好的装饰作用，为人们带来视觉上的美感（见图 5-52）。

图 5-51　广场上的座椅

【点评】这是西班牙欧罗巴广场上的一组公共座椅，设计师利用高扬的拱形将相对而立的两把椅子连接在一起，而附于其上的抽象图案充满艺术性。高低不一的 3 组椅子可独立存在，亦可相互组合，形成多样化的空间布局与交流方式：或面对面，或背靠背，或独坐其中，或相邻而坐，或一前一后。坐于其中的人们既可彼此交流，亦可静享孤独。

图 5-52　绘有年画的垃圾桶

【点评】图 5-22 中的垃圾桶是成都新东冠环境艺术工程有限公司结合绵竹年画村的文化风貌，运用当地的年画元素，精心打造的独具艺术风格的“绵竹年画”垃圾桶。桶身纹理鲜明，上面有精心丝印的传统年画，其形态新颖、精致典雅，能给人带来美的享受。

5.3　景观与多个学科的交叉融合

英国规划师戈登·卡伦在《城市景观》一书中写道：“景观是一门相互关联的艺术。”一座建筑是建筑，两座建筑则是景观（见图 5-53）。也就是说，两个事物之间的构成关系是一种艺术。随着现代社会的高速发展，景观艺术的发展空间日益拓展，它不再局限于对自然的模拟，多个学科都与其存在千丝万缕的联系。下面将从建筑、公共艺术、生态学和美学这 4 个方面探究景观与多个学科的交叉融合。

图 5-53　城市景观空间俯瞰图

【点评】这是玛莎·舒瓦茨事务所设计的北京北七家科技商业园区。从俯视的角度看，景观设计师采用了多种线性景观设计要素，将地面铺装、植被形态、街道家具、照明形式与入口构筑物等以不同的方式呈现出来，线性景观设计要素与周围方正的建筑物相得益彰，用统一的设计手法营造出多样化的功能与空间。

5.3.1 景观与建筑

自古以来，我国的建筑艺术就强调建筑应与环境相结合，一些依山而建、依水而建的建筑在我国建筑史上成为经典的作品。在现代建筑设计中，人们越来越追求景观与建筑的融合，由此诞生了一门新兴学科——景观建筑学，这是景观与建筑交叉融合的产物。随着现代城市的迅速发展，景观与建筑的关系越来越密切，建筑不再把景观当作配角，而是当作一种共生体，强调在建筑设计中融入景观艺术的理念，在景观设计中充分体现建筑设计因素，实现景观与建筑的完美统一（见图 5-54）。由此可见，景观设计师在进行设计时，应当从大众的视角来把握建筑与周边环境的关系，塑造整体和谐的景观空间，避免将建筑从景观中孤立出来，成为“地块中的独角戏”；也不能让景观缺少与周围建筑的联系，成为“罐头里的景观”。景观设计师应该避免在景观设计中出现形式化、片面化、拼贴复制、缺少文化内涵等问题，冲破狭隘的“景观”意识的束缚，通过多种途径整合景观与建筑，建立新的多元秩序，力求从物质层面和精神层面适应城市发展需求，满足人们在情感、文化、价值上的需要，走可持续发展的景观之路，使景观艺术的发展更有活力和魅力。

图 5-54　安徽博物院

【点评】上图展现的是安徽博物院的建筑主体与周围的景观环境。建筑造型沧桑厚重，四周有水体环绕，体现了“四水归堂、五方相连”的徽派建筑风格。建筑基座与引桥北面伸出的平台衔接，利用景观环境渲染建筑的文化底蕴，形成建筑与景观的有机呼应。

5.3.2 景观与公共艺术

说到景观与公共艺术之间的联系时，人们可能会想到遍布公园、街道、广场等各个角落的大大小小的雕塑。很显然，这些公共艺术作品对塑造整体的景观环境起到了积极的作用。由此可见，景观和公共艺术这两个学科之间有着密不可分的关系。公共艺术在当今的景观设计中发挥着举足轻重的作用，通过发挥艺术与文化在公共环境中的作用，提升整个公共环境的艺术与文化品位，营造出更好的具有历史文化内涵和美学修养的生存空间，使公共环境更好地为人服务，更好地满足现代人对精神享受的追求（见图 5-55）。

图 5-55　多样化的公共空间

【点评】这是波兹南一个广场上的公共空间，设计师将占地 3000 平方米的开阔空间划分为数个功能各异的小区域，创造出面向所有人的舒适空间。或圆或方的桌子、长椅及防水软枕，各式各样的城市家具进一步划分出儿童游玩区、临时咖啡厅与餐厅、音乐剧院舞台与小工坊等不同区域。

景观是公共的，这是一个无可争辩的事实。景观的存在需要人的活动和参与来支持，这种支持需要以公共艺术为载体。公共艺术必然存在于景观之中，存在于公共环境之中，因此，景观设计师在进行设计时，应充分分析和研究公共艺术介入不同的景观空间中的表现。例如广场作为景观设计中重要的因素，是一种能帮助人们组织方向和距离感的场所，在功能上是适合进行公共活动、社交活动、集会等的开放性场所。在此类型的公共空间中，设计一组公共艺术作品不仅能起到渲染整个景观环境的作用，还能为人们带来视觉和精神上的享受（见图 5-56）；在城市公园的景观设计中，景观设计师需要从公共艺术的角度出发对公园进行精心设计与布置，通过公共艺术作品彰显文化底蕴，使公园兼具自然气息与文化氛围（见图 5-57）。

图 5-56　公共空间中的座椅

【点评】这是加拿大魁北克一个广场上的一组公共艺术作品，名为“雪椅”。景观设计师为弯曲的胶合板涂上了白色油漆，塑造出蜿蜒伸展的有机形态。泛着雪白光芒的座椅环绕着广场的树丛与街灯，不仅赋予了这些平凡事物不一样的气质，而且为广场景观增添了一抹亮色，在炎炎的夏日更为人们带来了一丝清凉。

图 5-57 景观中的公共雕塑

【点评】这是开封清明上河园中的景观雕塑。为纪念张择端，我国著名雕塑艺术家陈修林、庞王宣取中国石材之乡山东莱州的白色花岗石雕塑了这尊高大石像。石像后面则为浓缩了《清明上河图》中芸芸众生的浮雕，栩栩如生地再现了北宋时开封的繁华市景、民俗生活。

5.3.3 景观与生态学

生态学本身是一门研究生物与环境以及生物与生物之间的联系状态的学科，生态系统模型已经成为科学家观察自然世界的基本方法。景观这门学科近年来与生态学结下了不解之缘，这两门学科在发展的过程中关系越加密切，并由此产生了景观生态学这一交叉学科。追根究底，景观艺术的价值核心，应该是追寻环境空间中美的事物，并设法加以修补、保护或创造。一个和谐的生态体系是环境管理者追求的目标，景观建筑师鲍勃·斯卡尔福认为景观是生命与土地复杂交互作用的样板，包含土地当中、土地之上以及土地之外的整个自然与人文特征。由自然和人文组合而成的景观，包括农田、山丘、森林、河流、湖泊、大海等看得见的事物，这些事物往往可以反映出当地的人文内涵。换言之，景观艺术揭示了人与自然相互作用的现象与事实。因此，景观设计师在进行艺术创作时，必须不断遵循一定的“生态原理”，使其成为实际运用的准则。事实上，大部分生态研究多针对大尺度的景观总体规划，特别是针对大方向的政策引导，而在中小尺度的景观设计方面，则不易找到合适的准则作为依托。虽然在大范围的空间尺度下能够看出生态作用的效果与重要性，但大尺度空间仍是由数个中小尺度空间聚合而成的。因此，不论空间尺度大小，景观设计师都必须充分理解并掌握景观和生态学之间的关系，彻底落实景观生态学的理念，图 5-58 所示就是一个很好的例子。

图 5-58　生态型景观——“候鸟机场”

【点评】为了增加中国黄海海滨核心鸟类栖息地的数量，亚洲发展银行携手天津港，在临港地区的一块降解回填地上为拟建的湿地鸟类保护区举行了一场国际设计大赛，“候鸟机场”在此次大赛中一举夺魁。“候鸟机场”以生态修复和保护为主旨，意在保护鸟类免受周边城市开发的影响，提供一片能让人类与鸟类和谐共处的净土。

5.3.4　景观与美学

有人认为，美是生活；有人认为，美是道德；也有人认为，美存在于自然之中。在传统的美学本质探讨中，自然美常被视为一个难题，因为不同的美学派别对自然美的客观性和社会性看法不同。但不论何种派别，从景观和美学之间的关系来说，它们追求美的目标都是一致的，因为不论是从景观资源的组成、人们欣赏景观的心理出发，还是从人与景观资源之间的相互影响的关系出发，其根本目的都是让人们通过景观资源获得生理和心理上的满足和愉悦。这就要求景观设计师尽可能延续并强化这种感知美好的机会，依托某种设计手法，遵循一定的美学原理，让景观美感呈现得更加丰富多彩。

景观与美学相互交融，这就需要景观设计师对美要有一颗承担责任的心。简而言之，就是要创造或者保留符合美学特质的景观环境，以提高人们生存、生活的质量，如图 5-59 所示。在多数情况下，除非是个人爱好，否则人们不会刻意前往美术馆、音乐厅等特定场所直接获取美的感知。景观艺术与此类美学艺术不同，它存在于街角、公园、湖滨等空间中，人们在生活中经常能欣赏到。因此，对于景观中的美学，设计师要为公众的视觉“买单”。景观之美的评判标准不是设计师的个人感觉，而是公众的审美。满足公众对美的追求，每一个景观设计师责无旁贷，如图 5-60 所示。

图 5-59　地景艺术作品

【点评】上图展示的是名为“天坑地漏”的地景艺术作品，该作品的创作地点在中国西南部的乡村——雨补鲁村。设计师根据独特的喀斯特地貌特点，将作品与当地的景观环境相融合，把原本塌陷的地貌经过艺术化的处理，变成了艺术作品，实在令人惊叹。

图 5-60　富有活力的城市广场

【点评】这是波兰的一处城市广场景观，景观设计师将座椅、树池、植物完美地融合为可移动的城市家具，为原本单一乏味的空间注入了无尽的活力和美感。广场中间设有圆形花坛座椅，满足了不同人群的需求，同时也丰富了景观层次。每个座椅旁都种有植物，树池里的树木和茂盛的花草让人感到更加舒适。

复习思考题

1．试着谈谈你对景观艺术的地域性特征与人文关怀的理解和看法。

2．查阅资料，查找能体现地域文化特色的景观设计作品，从中选出自己喜欢的作品，并说出喜欢的原因。

3．思考景观艺术的地域性特征和人文关怀在未来的发展趋势。

课堂实训

来自同一地域的同学组成小组，讨论自己家乡的地域性景观文化，并选出代表发言，谈谈在景观艺术中如何体现当地的地域文化和人文关怀。